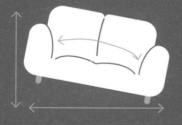

搬沙發的幾何學

解決日常難題的基本科學法則

馬克・弗雷利 **Mark Frary** 著

張簡守展 譯

目錄

一探生活中的學問

在校期間，你是否曾天馬行空地胡思亂想，在數學或理化課上百思不得其解，滿腹疑惑或感覺百般無聊，一口咬定你永遠不需要理解課本上這些東西，反正在現實生活中派不上用場？大部分人在讀書時期大概都曾有過相同的感覺，甚至到現在還是抱持一樣的看法。

請做好心理準備，本書的內容包準讓你瞠目結舌。以前你

在課堂上學到（或沒學到）的那些知識，或許看似離日常生活非常遙遠，但事實上的確有其道理。如果你曾絞盡腦汁設法減少家庭開銷、苦於有效掌管私人物品或文件，或希望能更妥善運用雜亂的花園，這本書正是你的絕佳選擇。科學就是你的祕密武器！

本書將會帶你認識幾個科學原則、了解簡單的實作步驟，並告訴你如何輕鬆地運用這些知識提升生活品質。

你家廚房的櫥櫃裡大概堆滿了瓶瓶罐罐，裝著各式各樣奇怪、驚人且要價不菲的化學溶液吧？化學能解釋這些溶液的原理，釐清你是否真正需要這些產品，並指出在何種情況下善用簡單的居家常備品，即可以「銅板價」達到相同功效，同時減少家中雜物。

> 「事情越簡單越好，
> 但別簡化過了頭。」
> ——愛因斯坦

透過幾何學，你可以在購買家具前確定能否將它擺進某個侷促的角落，或是找到包禮物的最佳方式（即使是奇形怪狀的禮物也不成問題），以及學會物盡其用，將所有聖誕禮物妥善包裝。

物理學能拯救在廚房中無助的你。想知道為什麼你的舒芙蕾和蛋糕總是不蓬鬆嗎？科學能告訴你答案，並且讓你在晚餐聚會成為賓客崇拜的對象。擁有豐富的下廚經驗一樣能做到這一點，但科學能帶你走捷徑。

如果要計算還清卡債的最佳方式，或釐清使棒球旋轉的因素，提高全壘打的機率，數學就能派上用場。

一想到方程式就心生畏懼？別擔心，你不必精通代數，也不需要是微積分高手。本書採取深入淺出的解說方式，無論學生時期的成績是好是壞，所有人都能有所收穫，樂在其中。

如何讓沙發順利通過轉角

所有人都經歷過這種尷尬，至少數學家以外的一般人都有相似的
經驗。我指的是數學家所謂的空間感知問題；對我們一般人來
說，則是生活中的沙發搬運問題，也就是常見的「我以為過得
去」情況。

想像你正在逛當地的家具店，店家正好推出促銷活動。
你看到一組沙發相當喜歡，更棒的是，老闆開出兩折的誘人優
惠，讓你覺得非買不可，當場下訂。

隔天沙發送來時，你才驚覺事情沒有想像中簡單。沙發順
利進了門，但隨之而來的九十度轉角，讓沙發無法輕易進入客
廳。經過漫長努力，不管怎麼推、怎麼拉，沙發始終無法順利
過彎。隔天你回到店裡，詢問後只得到促銷商品無法退款的答
覆。你的阿姨住在稍嫌偏僻的郊區，她很樂意下週就接收這組
漂亮的沙發。她的房子古色古香，走廊又直又寬，完全沒有轉
彎的問題。只不過，你得再買一組搬得進客廳的沙發，而到時
你的信用卡帳單恐怕不會太好看。

簡化問題

為什麼數學家不會遇上相同的問題？因為討論線段、曲線
和形狀的幾何學可以化解這類煩惱。如果你認為幾何學只有需
要考試的學生和象牙塔中的學者需要了解，恐怕大錯特錯。幾
何學可以在現實生活中派上用場，也能拯救你的荷包。在解決
問題時也能搭配一些代數 —— 你只需要記住，不同長度可以分

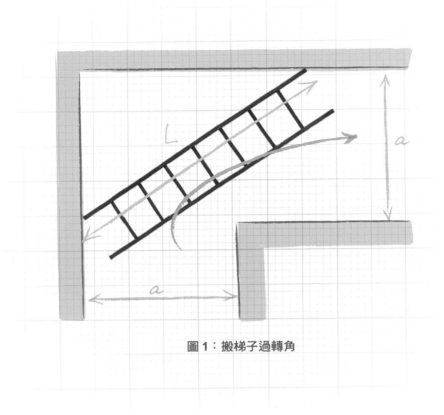

圖 1：搬梯子過轉角

別使用不同字母來代表。

很多時候，數學家會先思考較簡單的問題，再據以推敲較棘手的難題。與其設法讓沙發順利過彎，我們不如先將長度為 L 的梯子放倒並垂直於地面，試著搬過轉角。另外，我們還要假設兩個走廊的寬度相同，在此以字母 a 表示。

在對稱（轉角兩側的走廊同寬）的假設下，我們應該可以明顯看出，關鍵是梯子抵到內轉角且兩邊長度相等時的位置（請見圖 1），此即為梯子能通過的最大長度，而此時外轉角到梯子末端的長度為 2a。

想必你應該還記得學校教過的畢氏定理，根據該定理：

$$L^2 = (2a)^2 + (2a)^2$$

由此可知 $L = \sqrt{8}a$。這時只要使用計算機，就能輕鬆算出確切的答案。

如果轉角兩邊的走廊寬度不同，我們就必須參考比利時根特大學雷蒙·布特教授（Raymond Boute）的數學論文〈移動長方形通過轉角：從幾何學的觀點談起〉（Moving a Rectangle around a Corner – Geometrically）。

假設一邊走廊的寬度為 a，另一邊為 b（請參考圖 2），那麼透過神奇的數學運算，我們可以得出梯子能順利通過轉角的最大長度 L。

布特指出，考量梯子順著轉角旋轉的情形，梯子的最大長度可以方程式表示如下：

$$L^2 = (a^{2/3} + b^{2/3})^3$$

或

$$L = (a^{2/3} + b^{2/3})^{3/2}$$

我們可以再次使用計算機算出答案。

從梯子推敲沙發

即便有梯子的例子為基礎，要是把梯子換成寬度為 W 的沙發（請見圖 2），數學計算就會變得無比複雜。布特指出，我們需要算出以下方程式中 m 的值：

$$(bm^3 - a)^2 - w^2 (m^2 - 1)^2 (m^2 + 1) = 0$$

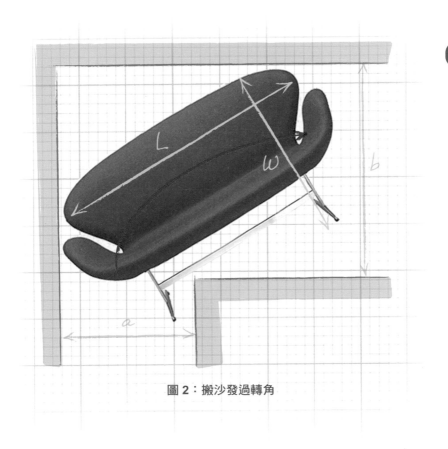

圖 2：搬沙發過轉角

得出 m 的值之後，容許沙發通過的最大長度即可以下列方程式表示：

$$L^2 = (1 + 1/m^2) [a + mb - W(m^2 + 1)]$$

如果你想挑戰，當然可以自己動手解方程式。不過，幸好，你不必親自運算所有算式。我們總是可以從網路上找到更快的解決方法。打開網站 http://demonstrations.wolfram.com/MovingACouchAroundACorner/，讓計算機幫你搞定所有數學。你只要輸入走廊寬度以及沙發的長度和寬度，就能得知沙發能

否順利通過轉角。

　　數學家熱愛各種挑戰，無趣的長方形沙發已無法滿足他們的胃口。他們早就開始研究多大（面積）的沙發可以順利通過轉角。數學家傑・葛弗（J. Gerver）已經算出目前可通過的最大沙發面積，這座沙發的外型就像舊式電話，正面有個半圓形的缺口，背面則為曲線造型。

　　下次你走進家具店時，別忘了攜帶測量工具。或者，帶上一位親切友善的數學家，也是不錯的選擇。

如何泡出無可挑剔的好茶

全世界的人每天喝掉上百萬杯的茶，想必會有許多人想討論如何泡出好喝的茶的。應該加牛奶嗎？牛奶要先加，還是最後再加？泡茶之前需不需要暖壺？喝茶一定要用瓷杯嗎？幸運的是，我們也可以從科學角度來探討一二。

有一個專門對所有事物訂定標準的「國際標準組織」（International Organization for Standardization, ISO），範圍從螺紋和鋼纜的尺寸到電腦技術和環境管理，包羅萬象。早在一九八〇年，該組織就訂立了一套泡茶流程，並且取了一個氣派的名稱，叫做「感覺測試用茶湯準備法」（Tea-Preparation of Liquor for Use in Sensory Tests）。ISO 並沒有宣稱這種泡茶方法萬無一失，但有了這套程序，職業品茶師便能在評比時有所根據，的確讓評鑑過程容易許多。

這些標準包括：

- 茶壺應以陶瓷製成，小茶壺的重量應為 118 公克，大茶壺則為 200 公克（可容許幾公克的誤差）。
- 茶壺內注入剛煮沸的滾水，水位達蓋子下方 4 到 6 公釐左右的高度。
- 茶葉應浸泡六分鐘。
- 如果要加牛奶，應先將牛奶倒入茶杯中，以免滾燙的「茶湯」把牛奶加熱到將近沸騰的溫度。ISO 指出，並非一定得添加牛奶，但有時牛奶有助於突顯茶在風味和顏色上的差異。

化學家也被捲進了這場泡好茶的論戰。二〇〇三年，英國皇家化學學會（Royal Society of Chemistry, RSC）對外發表了他們的泡茶「配方」。

使用新鮮的水

學會建議使用新鮮的軟水泡茶。羅浮堡大學（Loughborough University）的安德魯·史塔普利博士（Andrew Stapley）補充道：「水煮沸後，溶於水中的氧氣多少會流失，而溶氧量攸關能否帶出茶的風味，相當重要。」因為硬水中的礦物質成分較多，會影響茶葉成分的溶解，使泡出來的茶湯風味較淡。此外，如果用硬水泡茶，比較容易產生浮渣，最後也會留下比較多的茶垢。

茶壺維持在完美狀態

接下來，RSC 建議先在茶壺中倒入少許的水，放進微波爐暖壺，而且應該使用陶瓷茶壺，才不會汙染茶的風味。等到泡茶的水煮沸時，再將茶壺中的水倒掉。

適度浸泡

以每人一茶匙的分量，將適量的茶葉放入茶壺，接著倒入滾燙的開水，靜置三分鐘。RSC 表示，茶葉浸泡的時間是關鍵。「泡越久就會有越多咖啡因溶入茶中，這是以訛傳訛的迷思。咖啡因這種物質的溶解速度相對快速，在浸泡的第一分鐘內多半就已溶入水中。額外浸泡的時間是為了溶出多酚化合物（單寧），使茶具有顏色和滋味。但要是泡過了頭，溶出過量的單寧，就會導致後味苦澀。」

加牛奶的訣竅

如果要泡出「豐潤迷人的色澤」，RSC 建議應先在茶杯中加入牛奶，再倒入茶，能防止牛奶變性（denaturation）；一旦牛奶變性，風味就會受影響。若是將牛奶倒入熱茶中，牛奶分散後與高溫的茶接觸，足以引發顯著的變性作用。將熱茶加入牛奶中，可以大幅降低這種現象的發生機率。

另外，在非關科學的補充說明中，RSC 認為茶的入口溫度最好維持在 60℃到 65℃，「以免太燙而發出有失文雅的啜飲聲」。

茶葉浸泡三分鐘

如何收拾與整理

當年紀漸長，家中難免累積不少雜物，尤其是書籍、CD 和 DVD。隨著東西越來越多，想找到需要的物品於是成了日常生活的一項考驗。「整理」這件事可分成兩個不同的階段：一開始的收拾和分類，以及日後如何順利找到所需物品。

氣泡排序法（Bubble Sort）

假設你有以下幾本書，想按字母順序排列：《毛語錄》（*Quotations from Chairman Mao*）、《蒼蠅王》（*Lord of the Flies*）、《莎士比亞全集》（*The Complete Works of William Shakespeare*）、《泰晤士世界地圖集》（*The Times Atlas of the World*）、《聖經》（*Bible*）。

你可以使用「氣泡排序法」：將不符合排列順序的項目一直往後調動，好讓應該要在前頭物品像氣泡浮上水面，因而得名。將第一個項目與第二個項目相互比較，如果順序錯誤，就動手調整；要是正確，則維持原位。接著比對第二和第三個項目，以此類推，反覆操作到所有項目排好順序為止。當你不必再調動任何項目，表示所有項目已按照順序排列；如果必須調整，請回到最前頭重來一遍。實際操作情形如下所示（以下使用每本書的第一個字母為代表）：

QLCTB ⟶ LQCTB ⟶ LCQTB（不需調整）
⟶ LCQTB ⟶ LCQBT

接著回到最前方，重頭檢查一次：

LCQBT ⟶ CLQBT（不需調整）⟶ CLQBT ⟶
CLBQT（不需調整）⟶ CLBQT

重頭檢查一次：

CLBQT（不需調整）⟶ CLBQT ⟶
CBLQT（不需調整）⟶ CBLQT（不需調整）

反覆檢查，最後會呈現以下狀態：

BCLQT（不需調整）⟶ BCLQT（不需調整）⟶
BCLQT（不需調整）⟶ BCLQT（不需調整）

　　當所有項目都不再需要調整，表示書籍已經依序排好。

　　你或許會想，這樣的排序方式未免太曠日廢時。沒錯。我們可以從運算複雜度來評比演算法的效益，亦即衡量在最糟的情況下，演算法需要多久才能完成排序。假設共有 n 個項目完全不照順序排列，若採取氣泡排序法，需要反覆操作 n–1 回合，每回合比較 n 次。如果是運氣最背的情況，整個過程

以「氣泡排序法」排列書籍

總共需 (n–1)×n 個步驟，或至少 $n^2–2n+1$ 個步驟。萬一 n 的數值極大，2n 和 1 在方程式中的影響力就顯得微不足道。舉個例子，如果 n 是 100，那麼 n^2 就是 10000，而 2n 只有 200，起不了什麼制衡的作用。所以這種演算法的複雜度（反映於耗費的

時間）主要取決於 n^2，或者可表示為 $O(n^2)$ * 。

快速排序法（Quicksort）

　　既然談到「氣泡排序法」的運算複雜度，我們可以順便看看是否有其他更快、更簡單的演算法。「快速排序法」由電腦科學家東尼‧霍爾（Tony Hoare），即查爾斯‧安東尼‧霍爾爵士（Sir Charles Antony Hoare））於一九六〇年發明。

　　「快速排序法」會從待排列的項目中挑選一項作為基準（pivot），將所有項目重新排序。方法是把所有數值比基準低或字母順序比基準前面的項目，全部移到基準之前；數值較高或字母順序較後面的項目，則移到基準之後。這麼做可以讓一開始選中的基準處於正確的位置。接著，在原基準前後選擇一個新的基準，繼續區分剩餘的項目，並反覆執行到剩下一個項目為止。以下示範如何使用這套排序法來排列我們的書單（每個階段的基準皆以粗體表示）：

QLCTB ⟶ BCQLT

　　只有一個項目在 C 之前，表示 B 和 C 的順序已處於正確位置，因此我們往 C 的右邊去檢查：

BC QLT ⟶ BC LQT

　　把 Q 移動至基準之後，確定 L 在正確的位置：

BCL QT

---

*討論演算法的複雜度時，通常關心的是「最糟糕的情況下」執行該演算法需要花費的「最久」時間，而大 O 符號（Big-O）就是描述演算法複雜度上界的漸進符號。

最後可以看到 Q 和 T 已調整到定位，書單也完成排序。

快速排序演算法的運算時間複雜度可表示為 O(n log n)，其中 log n 是指對數值 n 取對數。隨著 n 逐漸變大，n log n 會遠比 n^2（氣泡排序法的運算複雜度）更小，由此可知，快速排序法比氣泡排序法更有效率。如果我們手邊有 1000 張 DVD 需要排序，氣泡排序法的時間複雜度為 1000×1000，也就是 1,000,000。換句話說，在最糟的情況下，我們可能需要歷經一百萬個步驟，才能將所有 DVD 依序排列。快速排序法的時間複雜度為 1000×log 1000，也就是 1000×3 = 3000。在最不順利的情況下，我們可能需要耗費三千個步驟，才能完成所有 DVD 的排序工作。相比之下的確可以省下不少時間。

依使用頻率收納

談了這麼多排序，日後尋找起來該怎麼辦？一般來說，我們通常會按照字母順序來收納及整理資料，但這不一定是最好的方法。

假設現在你家裡有個箱子或檔案櫃裝滿了個人文件，文件類型可能包括水電費帳單（U）、出生證明（C）、銀行對帳單（B）、保險資料（I）和股權證書（S）。每當需要尋找某項物品，你大概會由上而下翻箱倒櫃地尋找，或由外往內翻找檔案櫃中的東西。

假設這些資料依照字母順序排列（BCISU），每翻閱一份文件需要 2 分鐘的時間，那麼，你需要花 2 分鐘找到銀行對帳單，花 4 分鐘找到出生證明，最久需要 10 分鐘才能找到水電費帳單。

如果你每天需要翻閱一次股權證書，每週需要查看一次銀

行對帳單，每月需要拿一次水電費帳單，每年需要檢視一次保險資料，每十年需要使用一次出生證明，那麼五十年下來，你花費在尋找文件的時間會是：

$$\begin{array}{ccc} \text{B} & \text{C} & \text{S} \end{array}$$

時間 = $(50\times52\times2) + (5\times4) + (50\times6) +$

$$\begin{array}{cc} \text{I} & \text{U} \end{array}$$

$(50\times365\times8) + (50\times12\times10) = 157{,}520$ 分鐘

現在思考一下，如果你的個人文件改為依照使用頻率排序（亦即 SBUIC）會發生什麼事：

$$\begin{array}{ccc} \text{S} & \text{B} & \text{U} \end{array}$$

時間 = $(50\times365\times2) + (50\times52\times4) + (50\times12\times6) +$

$$\begin{array}{cc} \text{I} & \text{C} \end{array}$$

$(50\times8) + (5\times10) = 50{,}950$ 分鐘

只是簡單地改成依頻率整理文件，就能幫你省下 106,570 分鐘，等於你的人生中突然空出了七十四天的時間可以自由運用。

如何延長食物的保存期限

你是否曾好奇食物究竟為什麼會腐壞？讓新鮮魚肉在幾天內腐敗發臭的兇手就是細菌；如果放在室外曝曬，甚至只需要幾個小時就會壞掉了。

　　這些微生物存在於幾乎地球上的所有地方，包括土壤以及活的動植物身上都有。許多微生物不會對人造成任何危害，但有些微生物一旦下肚，可能會讓我們身體不舒服。食物中的細菌含量越高，讓人生病的機率就越高。

　　每個單一細菌都能經由細胞分裂一分為二，不斷增殖。只要環境溫暖適合生長，又有養分來源，大腸桿菌（最常導致食物中毒的一種細菌）每二十分鐘就能分裂一次；再過二十分鐘，原本的兩個細菌就會變成四個。正因如此，一點點細菌一下子就能變成一大堆細菌。經過十二小時後，一個細菌可以繁衍出六百八十億個細菌，組成一個細菌小王國。

　　回歸到標題所提出的問題，摸食物前先洗手，顯然是其中一個最實際的答案。（猜猜看我們手上的細菌都從何而來？）除此之外還有其他辦法嗎？畢竟食材不便宜，加上近年來環保意識提升，延長食物的保鮮期限，減少食物壞掉的機會，避免浪費食物，這些都是好事。

冷藏保存

　　我們都知道，將食物放進冰箱有助於保鮮，因為低溫能阻止細菌快速滋生。別忘了，就算要盡可能維持低溫，也別將溫

度調低到連牛奶都結冰了。時時注意冰箱門維持緊閉，例如要幫咖啡加鮮奶油前，記得先把冰箱門關上。

避免觸摸

完全不觸碰食物，也可以延長保鮮期。舉個例子，切乳酪時，嘗試隔著外包裝拿取乳酪，避免用手直接碰觸。萬一乳酪的表面開始發霉，可能會產生毒性，食用時請避開發霉處。只要將發霉的地方切除（霉點四周約 2.5 至 3 公分的範圍），剩下的乳酪依然可以食用。切記，可別把整塊乳酪拿去水洗。

乙烯問題

蔬果在成熟的過程中會釋放一種稱為乙烯的物質，這種無色無味氣體的生成速度取決於環境溫度。在極低溫的環境下，蔬果幾乎會停止產生乙烯。把蔬菜水果放在陰涼處（例如冰箱）能延後熟成（及腐爛）的時間，原因在此。

不過，如果把容易產生大量乙烯的蔬果（例如番茄和香蕉）和對乙烯相當敏感的蔬菜（例如生菜和青花菜）放在一起，會導致後者的成熟速度比單獨存放時更快。

這也是為什麼蔬果一旦壞掉就應該趕快丟掉。腐敗的水果和蔬菜會產生更高濃度的乙烯，加速其他蔬果敗壞的速度。俗語說「一顆老鼠屎，壞了一鍋粥」，的確有其道理。

控制黴菌

　　使麵包變質的原因通常不是細菌，而是黴菌。黴菌是一種微小的真菌，時常經由風吹或震動掉落在食物表面。一旦黴菌附著在麵包上，就會開始吸收麵包的營養和水分，不斷增生，並且產生孢子。孢子會脫離黴菌，將汙染擴大到整個麵包。

　　黴菌在溫暖潮溼的環境下會迅速生長。雖然把吐司包在塑膠袋中非常方便，想吃就隨時切一片來吃，但是這種保存方式很容易發霉。麵包中蘊含的水分會蒸發，使吐司和塑膠袋接觸的表面變得濕潤。保存麵包最好的方式是放在乾燥的乾淨容器中，讓空氣能夠流通，有效防止麵包的表面產生濕氣。

保持空氣流通

如何省電

在這電費高漲的時代，發展綠能及節能減碳的意識逐漸提升，民眾也開始檢視自己在日常生活中究竟用了多少的電，是比以前增加許多還是更少呢？

耗能家電

計算用電量的單位是千瓦時（kWh），表示一件耗電量1000 瓦特（W）的電器連續使用一小時所消耗的電量，即為我們所說的 1 度電。例如 100 瓦（0.1 千瓦）的燈泡使用一小時，會用掉 0.1 kWh 的電量，連續開十小時則會耗費 1 kWh。

美國一個家庭的年度平均用電量約為 11,040 kWh。然而光看平均數值很難理解不同地區的用電差異，像是田納西州在二〇〇八年的平均用電量為 15,624 kWh，但緬因州則只有 6,252 kWh。

不同家電和裝置需要的電力大相逕庭，所以重點是要了解哪些電器最耗電，我們才能開始嘗試調整該電器的使用量。最簡單的方法當然是在不需使用電器時關閉電源，不過要是稍微了解科學，你也能用更節電的方式來使用部分家電。

美國家庭的平均耗電量數據如右頁表格所示。

家電裝置	年度耗電量（kWh）
電暖器	3,524*
中央空調	2,796*
熱水器	2,552*
泳池加熱器	2,300
泳池抽水馬達	1,500
冰箱	1,239
冷凍櫃	1,039
電燈	940*
電磁爐	536
洗碗機	512*
電烤箱	440
桌上型電腦	262
多功能事務機	216
微波爐	209
電視	137
洗衣機	120
咖啡機	116
音響系統	81
筆記型電腦	77
DVD 播放器	70

資料來源：美國能源資訊管理局（US Energy Information Administration）
備註：* 以家戶為單位，並非單一台家電的耗電量

耗電週期

從表格可知，冰箱和冷凍櫃是家中常見的吃電怪獸，不過它們並非隨時都在大量消耗電力。電熱水壺在運轉的整整五分鐘期間，可能會維持 2000 瓦的功率，但冰箱的耗電情形自有其週期。如果冰箱的恆溫器設為 6℃，一旦冰箱內部高過這個溫度，冷卻系統就會啟動，使冰箱開始大量耗電，冷媒流經冷卻系統時，吸收並帶走冰箱內的熱能，然後將熱能釋放到冰箱之外的空間。當冰箱內的溫度降到 6℃以下，冷卻系統就會停止運

轉，耗用的電力只剩涓涓細流。

冰箱冷卻系統的運轉頻率容易受室溫影響，使它在夏天的耗電量遠遠多過冬天。如果我們能把家裡的暖氣調低一些些，不僅可以節省暖氣的電費，還能讓冰箱稍微喘口氣，不必常常啟動冷卻系統。

另外，冰箱門盡量隨時保持關閉也是重點。每次開門，室內的暖空氣就會進入冰箱內，冷卻系統也會隨即啟動。以後開冰箱倒柳橙汁時，記得拿了果汁就趕快把冰箱門關上。

過去四十年來，冰箱的耗電量已大幅下降。一九七六年以前出廠的冰箱，平均每年耗費 1800 kWh 的電；一九九〇年時，用電量少了一半；到了二〇〇一年，冰箱幾乎只耗費從前四分之一的電量。現在新型的省電冰箱每年用電量約為 200 至 300 kWh。如果你家還在使用舊冰箱，換台新的可以大幅減少耗電，長期省下的電費甚至還能抵銷你買冰箱的花費。

比熱

實際上，熱水壺是相當耗電的家電。新型快煮壺的功率一般在 1200 至 1500 kWh 之間，不過這種家電的設計是要在幾分鐘內把水煮滾，因為使用時間短，總耗電量相對不會太高。

把水煮滾所需的熱能決定了耗電量，而且與水壺內的水量成正比。比熱表示某物質吸熱或散熱的能力，根據這種物理特性，我們可以算出要讓一公升的水升高 1℃，大約需要 0.00116 kWh 的電量。換句話說，煮沸四杯水所需的電量是一杯水的四倍，因此，在水壺中注入所需水量，不要額外加熱不需要的水，就能省電。

了解到這一點，同樣有助於我們在使用洗衣機時節約用

電。有些洗衣機所消耗的電，很大一部分是用來把水加熱。用電量與進水溫度和洗衣溫度之間的落差成正比，如果注入洗衣機的自來水是 20℃，那麼以 60℃的水溫洗衣服，所需電量就會是 40℃的兩倍。

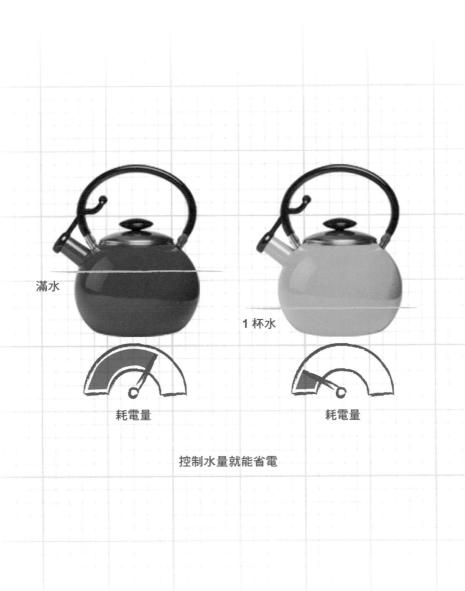

控制水量就能省電

如何除臭

不管是因為養寵物、飲料灑出來，還是味道濃厚的舊慢跑鞋，家裡偶爾難免飄散著不好聞的氣味。想要永遠擺脫這些異味，無疑是一項大挑戰。

「聞」的科學

嗅覺只是一種籠統的稱呼，實際上牽涉到鼻子內部一連串極其複雜的化學反應。散發味道的東西（像是花束、食物、香水）都會釋放化學物質，釋放的方式包括蒸發，或是風將分子從物體表面吹起。當這些化學物質飄進你的鼻孔，你就會聞到氣味。

鼻子內部有數百萬個嗅覺受體神經元，你可以把這些神經元想像成各種形狀不一的插座，數量之多，大概有三百五十種不同的形狀。

帶有氣味的化學物質就像奇形怪狀的插頭，進入鼻子後只能「插進」形狀相符的插座。當兩相結合，神經元就會向大腦發送電子訊號，你便能辨識出味道。

然而實際過程並非如此簡單。大部分味道其實混雜了眾多化學物質，相當複雜。咖啡的香氣就是由超過八百種芳香化合物所組成，因此，當咖啡香飄進鼻子，等於不同的插座同時插上了插頭。正是因為不同插座的各種組合（後續傳遞出不同的訊號），我們才能分辨各種味道。一般人可以認出大約一萬種氣味組合。

掩蓋臭味

　　氣味的本質複雜，想要有效中和味道，可謂一大挑戰。家用芳香噴霧的功用通常與好聞的香水差不多，在寵物尿尿或煎魚產生臭味的地方大肆噴灑，對於中和臭味來說幫助不大。這類芳香噴霧的作用在於掩蓋惡臭的化學物質，因此不少產品都會使用松木和檸檬之類的成分，以產生濃烈香氣。

　　讓人驚訝的是，許多芳香噴霧含有微量的麻醉成分，例如甲醛。這些成分只會使你的嗅覺麻痺，完全無法中和臭味。

　　有些芳香產品會利用活性碳去除臭味。活性碳的來源是木炭或煤炭等含碳量高

的原料，經過處理後產生大量孔隙，大大增加其表面積——光是 1 公克的活性碳，表面積就有 500 至 1500 平方公尺——這就是它能中和臭味的關鍵。活性碳的表面積越大，吸附臭味分子的效率就越好，進而達到除臭的效果。

天然妙方

如果你不想使用市面上的空氣芳香產品，還有其他替代方案。小蘇打（烘焙時常用的膨鬆劑）就有絕佳的臭味吸附能力，此外它吸收水分的效果也很好，適合清理有臭味的液體。

廚房裡可以找到的另一種除臭妙方就是醋。白醋是乙酸（又稱醋酸）的稀釋溶液，與其他物質產生化學反應後即具有除臭的功效。舉例來說，氨是尿騷味的臭味來源之一，而乙酸和氨可以互相中和，作用後僅留下鹽和水分。

如何在撞球比賽中獲勝

世界上優秀的撞球選手對科學了解甚深。他們或許不懂如何利用公式計算球與球、球和檯邊碰撞後的移動路徑，但他們可以直覺預測出手後每一顆球的走向。想在撞球比賽中勝出，必定得先了解動量和能量守恆定律。

動量和能量守恆定律的實際應用

動量（momentum）泛指物體持續移動的「欲望」，在物理學中有相當明確的定義，也就是物體質量（許多人會以為質量就是重量）和速度的乘積。質量大和／或速度快的物體具有高動量，很難停下來；反之，質量小和／或速度慢的物體動量低，比較容易停下。

動量在物體碰撞時扮演著極其重要的角色，撞球就是很好的例子。當你打中母球時，你施加於球桿的力量會將動能傳遞給母球；如果母球撞到其他球，則會將部分或全部動能傳遞給那顆球。

想像母球直接撞上紅球的情景，在兩球碰撞的情況下很簡單，我們可以將上述公式中的速度換成球速，算出動量。假設母球在撞擊前的速度為 s_{C1}，撞擊後的速度為 s_{C2}，而紅球在撞擊前後的速度分別為 s_{R1} 和 s_{R2}。

根據動量守恆定律，兩球碰撞前後的總動量應維持不變。假設兩球質量同為 m，那麼該定律可寫成下列方程式：

$$ms_{C1} + ms_{R1} = ms_{C2} + ms_{R2}$$

同時消除等號兩邊的 m，可得到：

$$s_{C1} + s_{R1} = s_{C2} + s_{R2}$$

（方程式 **A**）

能量守恆定律也適用於這個問題的分析。物體移動所產生的能量稱為動能，可表示為 $\frac{1}{2}ms^2$。既知撞擊前後的總動能不會改變，那麼該定律可寫成下列方程式：

$$\frac{1}{2}ms_{C1}^2 + \frac{1}{2}ms_{R1}^2 = \frac{1}{2}ms_{C2}^2 + \frac{1}{2}ms_{R2}^2$$

同時消除等號兩邊的 m，可得到：

$$s_{C1}^2 + s_{R1}^2 = s_{C2}^2 + s_{R2}^2$$

（方程式 **B**）

試想打撞球時的情況，你所瞄準的球靜止不動（亦即 $s_{R1}=0$），於是方程式 A 和方程式 B 可以簡化如下：

$$s_{C1} = s_{C2} + s_{R2}$$

（方程式 **C**）

和

$$s_{C1}^2 = s_{C2}^2 + s_{R2}^2$$

（方程式 **D**）

如果將方程式 C 的等號兩邊同時平方，則：

$$s_{C1}^2 = (s_{C2} + s_{R2})(s_{C2} + s_{R2}) = s_{C2}^2 + s_{R2}^2 + 2\,s_{C2}\,s_{R2}$$

（方程式 **E**）

要是如法炮製，將方程式 D 和方程式 E 平方，你會發現唯一的差異在最後面的「$2 \, s_{C2} \, s_{R2}$」，因此這一項必須為零。換句話說，s_{R2} 和 s_{C2} 其中一項必須是零。

理論實際應用

當 s_{R2} 為零表示撞擊前的情形，s_{C2} 為零表示撞擊後的情況；後者的情況相當有趣，要是母球在撞擊後速度歸零，亦即靜止不動，這樣紅球會發生什麼事？將 $s_{C2} = 0$ 帶入方程式 C，即可得到 $s_{R2} = s_{C1}$，也就是紅球以母球原有的速度接續移動。

這與我們打撞球的經驗高度相符，不過我們還得考慮球和檯面的摩擦力，而且部分能量會在撞擊過程中消散，其中有些會轉化成我們所聽到的悅耳碰撞聲。

相對於正面碰撞，同樣的概念也能應用至兩顆球的擦邊碰撞情況。然而在這種情況下，撞擊已經不再屬於一維（直線），因此我們必須將速度的向量特性也納入考量。既然牽涉到角度，我們就必須導入二維的相關討論，並思考速度的向量特質，亦即同時兼具方向和大小，其中涉及的科學更加複雜。

思考角度問題

現在來看下頁圖 1 的撞球檯，母球標示為 c，黑球標示為 b。

如果我們想讓黑球落袋，就必須確保 θ 所代表的角度恰到好處，讓黑球的箭頭可以指向袋口的方向。這個例子中的角度其實相當不錯，約莫 90 度。那

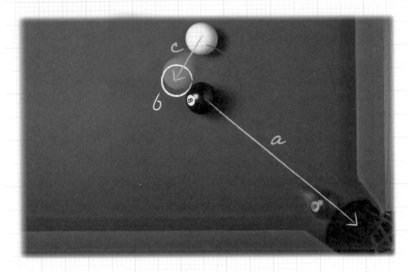

圖 1：找到讓球落袋的正確角度

麼，我們可以如何活用這項知識？

　　要讓黑球落袋，請想像從黑球中心畫一條直線 a 到袋口，並想像母球來到與黑球的接觸點 b。接著，我們就能找出母球移動到這個位置的路徑。若要控制母球的角度，想讓母球往右跑，就將球桿瞄準球心的左側，反之則瞄準右側；如果想打直球（或許是想把子球灌中袋），就精準推擊母球球心。

善用顆星

　　物理學的另一種用途是判斷球撞到「顆星」（球檯的四邊）回彈的路徑。對此，我們同樣可以使用動量守恆定律。假設球撞到顆星屬於彈性碰撞──沒有任何動能流失──我們可以得知，球從檯邊反彈就像雷射光照到鏡子後折射，亦即入射角 a 等於反射角 b（請見圖 2）。

圖 2：找到利用顆星擊球的正確角度

　　當母球被其他的球擋住時，這種撞擊方法就相當有用。只要找到正確的反彈角度，就能妥善瞄準，避開擋在中間的障礙球，擊中目標球。

如何贏牌

打牌的人通常希望幸運之神眷顧，但事實上，贏牌與否和機率的關係更大。更具體來說，如果你能通盤掌握牌局動向，清楚有多少機率可以翻到特定的幾張牌，就能握有更大的機會佔盡優勢，奪下勝利。

機率遊戲

發生某事件的機率（例如抽到某張牌），是事件成功發生的次數除以可能發生的所有次數。假設一副牌有 52 張，從中抽到 A 的機率是多少？

$$抽中\ \mathbf{A}\ 的機率 =$$

$$\frac{一副牌中的\ \mathbf{A}}{一副牌的張數} = \frac{4}{52} = 0.077\ (7.7\%)$$

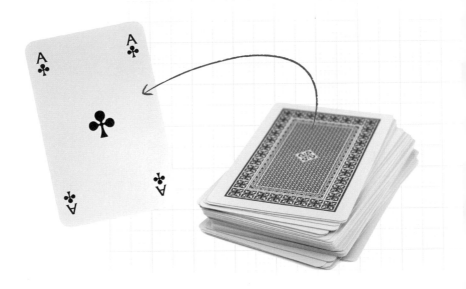

結合不同事件的機率時，如果事件之間不獨立，需將機率相乘；如果事件彼此獨立則相加。

因此，由於牌堆中有另外三張 A，抽掉一張 A 後，牌堆裡還剩 51 張牌，因此抽到第二張 A 的機率為：

$$\frac{4}{52} \times \frac{3}{51} = 0.0045（0.45\%）$$

如果想知道從整副牌中抽到 A 或 2 的機率，則需把兩個機率相加：

$$抽中 \textbf{A}「或」\textbf{2} 的機率 =$$

$$\frac{4}{52} + \frac{4}{52} = 0.154（15.4\%）$$

二十一點

我們可以運用上述概念來判斷贏牌的機會。舉例來說，最快拿到 21 點的機率有多少？第一張牌必須是 A，第二張必須是牌堆中任一張代表 10 點的牌（即 10、J、Q 或 K）；兩張牌的順序對調亦可。抽中這個牌組的機率如下：

$$\frac{4}{52} \times \frac{16}{51} + \frac{16}{52} \times \frac{4}{51} = 0.048（4.8\%）$$

由此可知，拿到 21 點的機率為 4.8%。

擬定策略

玩二十一點時，我們總是希望能將機率轉為策略，也就是知道何時該拿牌，何時該停止拿牌。

有些統計學家已經幫我們算出各種情況的機率，不必親自動手計算。一九五六年九月出版的《美國統計學會會刊》

（*American Statistical Association*）中，羅傑·鮑德溫（Roger R. Baldwin）和同事發表了一篇論文，探討使用一副牌玩決勝二十一點的最佳策略。（如果使用多副牌，機率和應採取的策略都會有所不同。）

參照下表，你就能知道該怎麼做。查看明牌（翻開的牌）的點數，然後將你手上的牌加總起來。如果你手上持有一或多張 A，就採取最下方那行的方法（軟牌，soft hand）；如果沒有 A，則參考中間那行的方法（硬牌，hard hand）。

莊家明牌各欄的數字代表你該停止拿牌的最低點數。換句話說，如果你手上的總點數等於或少於該數字，就應該繼續拿牌，反之則停止抽牌。

莊家明牌	2	3	4	5	6	7	8	9	10	1、11
玩家停止拿牌的最低點數（硬牌）	13	13	12	12	12	17	17	17	17	17
玩家停止拿牌的最低點數（軟牌）	18	18	18	18	18	18	18	17	17	18

德州撲克

在德州撲克牌局中，每個玩家會拿到兩張不公開的牌，稱為底牌（hole card）。接著，莊家會在中央翻開五張公用牌（community card），前三張稱為翻牌（flop），第四張稱為轉牌（turn），第五張稱為河牌（river）。在莊家分次翻開翻牌、轉牌和河牌等公用牌之前，玩家都能下注。

玩家的終極目標，是要利用牌桌上七張牌（五張公用牌和兩張底牌）中的五張湊出最大牌型，慣常的牌型大小依序為：同花順、鐵支、葫蘆、同花、順子、三條、兩對、一對、散牌。

機率和出路

玩家可利用機率來評估牌堆中還剩下哪些可湊成牌型的牌，這些牌統稱為出路（outs）。例如，你手上可能有 2 張愛心，而牌桌上的翻牌有 2 張愛心和 1 張方塊。此時你可以計算機率，釐清轉牌或河牌出現愛心的機會，這樣你就能湊出同花。由於還剩下 9 張愛心（共 13 張，減去你手上的 2 張和翻牌中的 2 張），因此你從轉牌拿到愛心的機率為 9/47，也就是 0.1915（19.15%）。要是你沒有從轉牌拿到愛心，那麼你從河牌拿到愛心的機率就是 9/46，亦即 0.1957（19.57%）。

下表依照不同的出路數列出致勝的機率，所有數據皆以相

同方式計算而得。使用時，只要想牌堆中還剩幾張牌可以完成你手上的牌型。舉例來說，如果你手中的牌和翻牌中總共有三張 A，表示只剩下最後一張 A，因此出路數為 1，而你可以透過轉牌「或」河牌拿到那張 A 的機率為 4.26%。

出路數	從轉牌湊齊牌型的機率（T）＝出路數 /47	從河牌湊齊牌型的機率（R）＝出路數 /46	從轉牌「或」河牌湊齊牌型的機率 ＝100 − [(100 − T) × (100 − R)] %
1	2.13%	2.17%	4.26%
2	4.26%	4.35%	8.42%
3	6.38%	6.52%	12.49%
4	8.51%	8.70%	16.47%
5	10.64%	10.87%	20.35%
6	12.77%	13.04%	24.14%
7	14.89%	15.22%	27.84%
8	17.02%	17.39%	31.45%
9	19.15%	19.57%	34.97%
10	21.28%	21.74%	38.39%
11	23.40%	23.91%	41.72%
12	25.53%	26.09%	44.96%
13	27.66%	28.26%	48.10%
14	29.79%	30.43%	51.16%
15	31.91%	32.61%	54.12%
16	34.04%	34.78%	56.98%
17	36.17%	36.96%	59.76%
18	38.30%	39.13%	62.44%
19	40.43%	41.30%	65.03%
20	42.55%	43.48%	67.53%

二四法則

　　如果想在牌局中預估機率，二四法則是比較簡單便利的方法。你大概已經注意到，左頁表格的 T 和 R 百分比很接近出路數乘以 2 的數值，而最後一欄的數據則接近出路數乘以 4。這些百分比數據稱為對牌機率（card odds）。

　　接著要算出彩池賠率（pot odds），也就是對手最近一次下注與總彩金的比率。如果池底有 100 元，而對手下注 10 元，則彩池賠率為 10/100，亦即 10%。要是你的對牌機率（拿到致勝牌型的機率）遠遠高過彩池賠率，跟注（投入與對手等額的籌碼）或許就是不錯的決定；反之則該蓋牌。

　　從機率的角度來看，莊家總是比較佔上風，但學點數學和機率方面的知識，或許可以增加你獲勝的機會，或至少降低你輸錢的機會！

如何打開瓶蓋

人類用玻璃罐保存食物已經超過兩個世紀，直到拿破崙出征時需要解決軍隊儲糧問題，這種作法才終於發揚光大。最早，法國糕點師傅尼古拉・阿佩爾（Nicolas Appert）在一七九五年提出用真空玻璃罐來保存食物的點子，獲得拿破崙採納，贏得了一萬兩千法郎的賞金。至今，拿破崙的名言「軍無糧則散」仍為人津津樂道。

　　阿佩爾的想法之所以能成功，關鍵在於他使用的密封法。他在玻璃瓶中放入食物時不會塞滿，而是保留一點空間，接著以軟木和蠟將瓶口密封，再放入水中加熱煮到沸騰，把瓶內的食物煮熟。

真空密封

　　這個方法的奧妙之處，在於烹煮過程能將瓶內的空氣擠出瓶外。因為空氣熱脹冷縮的特性，瓶內食物冷卻後形成局部真空的狀態。這種真空狀態具有雙重好處，除了能使瓶蓋緊緊密封，防止有機物質進入瓶內使食物腐敗，還能減少瓶內的氧氣，減緩大部分的細菌滋生。

　　只可惜，局部真空並非毫無壞處，其中一項缺點是會讓瓶蓋極度難開。不過這個問題並非無法破解，有好幾種方法值得一試。

利用熱水讓瓶蓋膨脹

沖熱水

　　第一個方法：朝著瓶蓋沖熱水。不同材質受熱膨脹的速度不一，以金屬和玻璃為例，前者膨脹的速度比後者稍微快一些，因此瓶蓋遇到熱水後會逐漸與瓶身分離，就能輕鬆轉開（請見左圖）。此外，金屬瓶蓋的導熱能力遠比玻璃更好，換句話說，瓶蓋變熱速度比玻璃瓶身更快。

　　如果瓶子已經打開過了，但瓶口螺紋內殘留食物讓瓶蓋難以轉動（例如裝蜂蜜的玻璃瓶有時會發生這種情況），沖熱水也能發揮效用，軟化原本凝結的食物殘渣。

輕敲瓶蓋

　　還有另一種方法可以破壞真空狀態。拿把堅實的刀（像是奶油抹刀），在瓶蓋各處輕輕敲打。這個動作可以稍微使瓶蓋變形，弱化密封的結構，讓更多空氣進入瓶內，這樣就能更輕易打開瓶蓋。

增加摩擦力

　　瓶蓋大多以金屬製成，表面平滑，讓人很難穩穩地抓住瓶蓋並且撐開。你需要增加手掌和瓶蓋之間的摩擦力，才能握得更穩，更好施力。

橡膠是常見的止滑材質，如果你手邊有橡膠手套，不妨戴上它來扭轉瓶蓋。如果沒有手套，可為瓶蓋套上寬版橡皮筋，或使用粗糙的抹布來試試。

晚點再試

如果你一大早打不開玻璃罐，等晚一點再試，成功的機會可能會增加。人的肌肉在早上剛被「喚醒」的時候通常比較疲弱，如果前一晚喝了酒，肌肉更會呈現脫水狀態而不如平常強壯有力。

水錘作用

這個方法沒有字面上看起來那麼激烈，過程中不會動用到任何鐵鎚。以非慣用手拿穩玻璃瓶，再用另一隻手大力拍打瓶底（請見右圖），水錘作用會促使瓶中的食物撞擊瓶蓋，讓瓶蓋稍微鬆開一些，進而使些許空氣進入瓶內，如此便能較容易卸下瓶蓋。

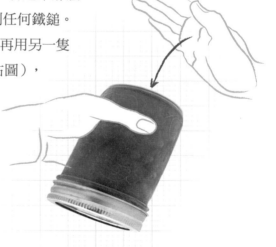

拍打瓶底使瓶蓋鬆開

如何征服園遊會的遊戲攤

小時候在園遊會上,看到那些抱著大絨毛娃娃在路上走的遊客,你會不會覺得,他們其實是主辦單位花錢找來的工讀生?嗯,我也這麼覺得。

事實上,園遊會就跟合法的詐騙集團沒兩樣,遊戲攤位都經過精心設計,要贏得獎品可說難如登天。話雖如此,這些攤位的確提供了有趣的娛樂,遊客花點錢換取歡笑,無傷大雅。有些遊戲看起來還有點贏面,有些則建議別輕易嘗試。

千萬別玩!

最好不要去玩投籃遊戲,因為園遊會上的籃框時常被擠成橢圓形而非圓形,根本沒辦法讓球順利通過。你之所以無法發現這一點,是因為從某個角度觀看時,視錯覺(optical illusion)會讓圓形看似較為扁長。

善用動量守恆定律

玩投擲遊戲的時候,最能體會如何運用科學在園遊會上達成目標。首先是丟罐子,遊戲規則是要拿球丟擲堆成金字塔的鐵罐,只要最後架上一罐不剩,就能獲得獎品。問題在於,某幾個鐵罐(通常是堆放在最底層的三個)通常比上方的罐子還重。根據動量守恆定律,投擲物的重量和速度與目標物的重量和速度息息相關。若輕巧的球緩慢移動並擊中較重的物體,該物體只會移動得比球更慢。如果哪天你要玩這個遊戲,請務必

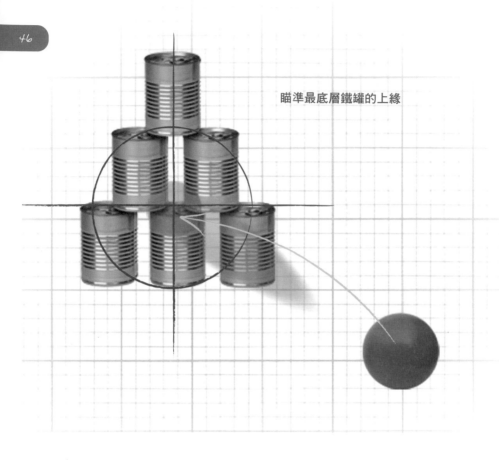

瞄準最底層鐵罐的上緣

全神貫注瞄準最底層鐵罐的上緣,用盡全力把球丟出。這是你破解遊戲的唯一機會。

找到正確的角度

要在套圈圈遊戲中套中獎品,幾乎是天方夜譚。圓環本身的尺寸只比檯面上的大部分物品大一些,而且很多時候,套環底座的表面經過特殊處理,使圓環很難在接觸的瞬間順勢滑進。工作人員時常會現場示範,證明圓環的確可以穿進底座,證明道具沒有動過手腳。但事實上,工作人員知道圓環套入

底座的正確角度，因此玩這種遊戲時最好請工作人員先示範，並且仔細觀察圓環落入底座的角度。盡量避開黏有鈔票的特別獎，獎賞越大，難度越高。

反覆試驗

打靶時總會發生一件事：就是不管你瞄得再準，還是無法正中紅心。這是因為準星時常因為各種原因而產生誤差。此時你可以利用第一發子彈的落點作為基準，推敲準星的偏差幅度，據此調整瞄準的方向。

抵銷力道

涉及物理定律的另一個遊樂園騙局是「投球入桶」遊戲。如果能把球投進桶子，而且球安然留在桶內，玩家就能獲得獎品。不過問題是，桶子一般都會傾斜擺放，球擊中桶底後通常會反彈出來，就像光遇到鏡面反射一樣。桶底的彈力時常超乎預期。

這項遊戲依舊可以運用物理知識來破解。投球時盡可能降低球速，如此一來，球與桶底碰撞時，桶底能吸收大部分的動能，使球本身剩餘的動能不足以將球彈出桶外。另外，如果能讓球稍微旋轉也有幫助，因為這能使球對桶底造成的衝擊更加無法預測；也就是說，球進入桶內後可能在桶子內碰撞彈跳，但不至於直接彈出桶外。

如何在《戰國風雲》
和其他骰子遊戲中勝出

在桌遊《戰國風雲》（Risk）中，玩家的軍隊必須爭奪領土，稱霸全世界。這款遊戲問世至今已超過五十年，老少咸宜，算是相當熱門的策略桌遊。玩個幾次後，你就會開始意識到，有幾個特定的策略能幫助你提高獲勝機會。

　　《戰國風雲》的玩家必須輪流擲骰子，模擬各方軍隊在戰場上作戰的情景。輪到的玩家可以選擇攻擊鄰近玩家的領土。攻擊方可以擲一至三顆骰子（發動攻擊的軍隊數減一即為骰子數），防守方可以選擇擲一或兩顆骰子（以領土上的防衛軍隊數為限），予以回應。

　　每位玩家擲出骰子後，將骰子依點數從大到小排列。雙方按骰子排列順序來比大小，若攻擊方的骰子點數較大，即為勝方；若雙方點數相同，則由防守方獲勝。

分析機率

　　當然，你可以在遊戲中採取幾種不同的「作戰」策略，但這裡主要探討骰子在此遊戲中扮演的角色。戰爭結果主要是由擲骰子的機率決定，以下先討論單顆骰子的各種情形。

　　如右頁表格所示，每一回合戰爭都有 36 種可能的結果，其中 21 種為防守方獲勝，亦即防守方單場戰爭的勝率為 21/36（58.3%）。看起來防守方似乎佔了上風，不甚公平。但事實

		攻擊方的骰子點數					
		1	2	3	4	5	6
防守方的骰子點數	1	D	A	A	A	A	A
	2	D	D	A	A	A	A
	3	D	D	D	A	A	A
	4	D	D	D	D	A	A
	5	D	D	D	D	D	A
	6	D	D	D	D	D	D

D＝防守方獲勝；A＝攻擊方獲勝

上，攻擊方可以擲三顆骰子，比起防守方只能擲兩顆，雙方的勝算大致上不分軒輊。

　　下表整理了每一種戰局的完整機率。第一欄的第二個數值，就是前一段所計算出來的 58.3%。請注意，每場戰爭的機率數值相加後，「理論上」都必須等於 100%，因為勢必會有一方得勝（但由於四捨五入的關係，總和難免會有些微超過）。

			攻擊方		
			一顆骰子	兩顆骰子	三顆骰子
防守方	一顆骰子	攻擊方獲勝	41.7%	57.9%	66.0%
		防守方獲勝	58.3%	42.1%	34.0%
	兩顆骰子	攻擊方獲勝	25.5%	22.8%	37.2%
		防守方獲勝	74.5%	44.8%	29.3%
		各贏一顆	---	32.4%	33.6%

活用策略

　　玩這個遊戲時，你可以清楚算出每種作戰情形的所有可能結果。如果你是攻擊方，可以查看哪些情況（機率）對你比較有利，亦即評估軍隊承受的風險是否值得你發動攻擊，或者應該等候更有利的攻擊時機。擲三顆骰子顯然對攻擊方有利，獲勝的機率比較高。（唯一的例外是，當爭奪的領土周圍已經沒有能夠佔領的領土，而你必須在獲勝的情況下將部分軍隊移到該領土上，此時這些軍隊形同受困，在之後的戰爭中都無用武之地。）

　　比較前頁第二個表格中的防守方獲勝機率，就能得知防守方最好盡量擲兩顆骰子。就算在攻擊方擲三顆骰子的情況下，防守方以兩顆骰子獲勝的機率比一顆骰子低，但單顆骰子平均贏得的軍隊數量較多。或者也能換個角度思考：假設攻擊方擲三顆骰子，如果防守方只丟一顆，表示只有一支軍隊可能會有危險。攻擊方的獲勝機率為 66%，代表防守方單顆骰子平均可能失去 0.66 支軍隊。

　　如果防守方擲兩顆骰子，表示會有兩支軍隊受到影響，因此，防守方擲完骰子後，平均失去的軍隊數為 37.2%×2（兩顆骰子都由攻擊方獲勝）+ 33.6%×1（攻擊方贏一顆），亦即 1.08 支軍隊。僅以單顆骰子來思考的話，這個數值等於只剩一半，也就是每顆骰子平均失去 0.54 支軍隊。綜上所述，防守方應該擲兩顆骰子，這樣單顆骰子平均失去的軍隊數才會最少。

其他骰子遊戲的機率問題

在其他擲骰子遊戲中，分析各種可能的結果也是獲勝的方法之一，例如花旗骰（Craps）。在這種賭場遊戲中，擲骰人可在「過關」（Pass）和「不過關」（Don't Pass）其中一區下注，然後擲出兩顆骰子。賭客則是與莊家對賭。

第一次擲骰子稱為首輪擲骰（come-out roll）。要是擲骰人丟出 7 或 11 點，當局立即結束：下注「過關」的賭客贏，且擲骰人可以拿回兩倍籌碼；下注「不過關」的賭客輸。

首輪擲骰丟出 2、3 或 12 點稱為花旗骰（craps），當局同樣立即結束：但這時下注「過關」的賭客會輸掉籌碼，下注「不過關」者獲勝。

如果在首輪擲骰丟出其他數字（4、5、6、8、9、10），這個數字統稱為「點數」（point），擲骰人可以繼續擲骰。如果丟出同樣的點數，當局立即結束，由下注「過關」的賭客獲勝，下注「不過關」者則輸掉籌碼。要是擲骰者丟出 7，當局立即結束，由下注「過關」的賭客輸，下注「不過關」的賭客贏。如果是其他點數，則賭局繼續。

在下一頁的表格中，整理了擲兩顆骰子可能出現的各種情形。共有 36 種可能的結果，其中 6 種可能擲出 7 點，因此擲出 7 點的機率為 6/36，也就是 1/6（16.66%）。同樣地，擲出 11 點的機率為 2/36，亦即 1/18（5.55%）。

你也可以自行計算首輪擲出 4、5、6、8、9、10 等點數，接著丟出同樣點數，一直到獲得 7 點的機率。將這些情形合併計算，就能得出下注「過關」而獲勝的整體機率為 49.29%。換

		骰子一					
		1	2	3	4	5	6
骰子二	1	2	3	4	5	6	7
	2	3	4	5	6	7	8
	3	4	5	6	7	8	9
	4	5	6	7	8	9	10
	5	6	7	8	9	10	11
	6	7	8	9	10	11	12

句話說，其他情況都是由賭場獲勝，具體一點來說就是 50.71% 的時間都是賭客上繳「學費」。通常在下注 100 美元的情形下，你會輸掉 1.42 元左右。至於下注「不過關」的話，如果計算擲出 2、3 或 12 點的機率，並考量丟出 12 點後只能回本（無法獲得雙倍籌碼），則下注 100 美元平均大概會輸掉 1.4 元。

綜合以上所述，我們可以從這項骰子遊戲中獲得什麼啟示？賭場永遠都會是贏家（即便賭客下注「不過關」能少輸一點），因此不賭博或許會是比較明智的「賭局策略」。

如何破解報紙上的邏輯益智遊戲

報紙或雜誌上的益智遊戲是否曾讓你感到力不從心，或是國際高智商門薩組織（Mensa）的廣告讓你倍感疑惑？一般人面對邏輯益智遊戲時大概都會有這種感覺，若能多了解一些數學，將有助於解開謎題。

數列

邏輯益智遊戲的種類和形式眾多，但大部分都有一個共通點：通常題目會以一長串數字或物件的形式呈現，然後要你猜出下一個接著的是什麼。舉個例子，題目可能是以下這串數字，要你推敲出下一個數字：

1　　3　　6　　10　　15　　21　　28　　…

運用數學破解數列

與其浪費時間盲目臆測，不如善用數學技巧，破解謎題。

像上述例子通常是以數學中的等差數列或序列的形式呈現，即任何相鄰兩數之間的差相等。大家熟悉的偶數數列 2、4、6、8、10、12……就是等差數列，因為每個數字都比前一個數字大 2。

我們可以計算數列中連續兩個

數字的差，觀察並推敲出後續的數字。其中最理想的方法如下所示，採取「金字塔」的形式寫下數列數字：第一行為數列數字，第二行是第一行各項的差。

$$1 \quad 3 \quad 6 \quad 10 \quad 15 \quad 21 \quad 28 \quad \cdots$$
$$2 \quad 3 \quad 4 \quad 5 \quad 6 \quad 7$$

我們很快就能發現數列中隱含的規律：相鄰數字的差會隨著數列每次增加 1，也就是相差的值會越來越大。掌握這個原則之後，我們就能知道最大數值 28 和下一個數字之間的差是 8，因此下一個數字會是 28 + 8 = 36。

我們可以把數列的遞增規則寫成方程式，藉此算出數列後續任一位置的數字，不必再費心算出所有的數值。

等差數列的數學標準式可寫成：

$$a_n = a_1 + (n - 1)d$$

簡單來說，數列的第 n 個數字（a_n）等於第一個數字（a_1）加上固定的差（d）乘以 n–1。在 2、4、6、8、10、12 的數列中，我們可以知道 $a_1 = 2$ 且 $d = 2$，套用方程式可以算出 a_3 為 6。

我們一般看到的等差數列如下：

$$a_1 \quad a_1+d \quad a_1+2d \quad a_1+3d \quad \cdots （以此類推）$$

如果我們重複上面的方法，以「金字塔」形式寫下相鄰數字的差，會得到：

$$a_1 \quad a_1+d \quad a_1+2d \quad a_1+3d$$
$$d \qquad d \qquad d$$

從以上討論可以明白，為何計算相鄰數字的差數能順利破解簡單的等差數列問題。如果你想知道數列的第十個數字為何，只要把數值代入方程式，就能得到答案。

處理進階數列

以下是另一種類型的數列：

$$1 \quad 2 \quad 6 \quad 15 \quad 31 \quad 56 \quad \cdots$$

如果由前到後依序計算相鄰數字的差數，可以得到：

$$1 \quad 2 \quad 6 \quad 15 \quad 31 \quad 56 \quad \cdots$$
$$1 \quad 4 \quad 9 \quad 16 \quad 25$$

透過上兩行數字可以看出，此數列並非等差。不過該數列依然藏有規則，只是目前還不是那麼明顯（除非你剛好知道阿拉伯數字 1 到 5 的平方分別為 1、4、9、16 和 25）。我們可以將「金字塔」繼續向下延伸，比較第二行數字的差數：

$$1 \quad 2 \quad 6 \quad 15 \quad 31 \quad 56 \quad \cdots$$
$$1 \quad 4 \quad 9 \quad 16 \quad 25$$
$$3 \quad 5 \quad 7 \quad 9$$

現在應該可以看出，最下面一行是一個奇數數列，而第五個會出現的數字應該是 11。也就是說，第二行的下一個數字應該是 25 + 11，亦即 36。換句話說，第一行的下一個數字為 56 + 36，也就是 92。

同樣地，上述規則也能用方程式表示，以便算出數列中的任何一項。第二個比較複雜的範例數列，可以方程式表示如下：

$$a_n = a_{n-1} + (n - 1)^2$$

依次假設 n 為 1、2、3 等不同數字並分別代入方程式，就能確定方程式正確無誤。

如果 n 逐次加 1，就能得到數列的下一個數字，這個關係可以表示如下：

$$a_{n+1} = a_n + n^2$$
$$a_{n+2} = a_{n+1} + (n + 1)^2$$

因此，數列中相鄰兩個數字之間的差（亦即「金字塔」第二行）可以寫成：

$$a_{n+1} - a_n = a_n + n^2 - a_n = n^2$$

同樣的作法也能套用至 a_{n+2}：

$$a_{n+2} - a_{n+1} = a_{n+1} + (n + 1)^2 - a_n - n^2$$
$$= a_n + n^2 + (n + 1)^2 - a_n - n^2 = n^2 + 2n + 1$$

於是，數字兩兩相減所得到的差數，便成了「金字塔」的第三行：

$$差數 = n^2 + 2n + 1 - n^2 = 2n + 1$$

我們可以很輕易地辨認出 2n + 1 為奇數數列（不妨試著假設 n 為 1、2、3 等數字，代入方程式加以檢驗）。

數字九宮格

「數字九宮格」是另一種邏輯益智遊戲。這種遊戲可能會以方格的形式呈現，裡面交錯填上好幾個數字，例如右頁的表格。

?	9	2
3	5	?
8	?	6

題目會告訴你，每一列和每一欄的數字相加會得到相同數值，而且1至9的每個數字只會出現一次。你的任務則是要將剩下的數字填入方格中。

利用數學解開數字九宮格

這種數字九宮格正是數學家口中的「魔術方陣」（magic square），每一列和每一欄的數字總和會根據方格數而調整，相加後都會得到一個「魔術常數」（magic constant）。

各魔術方陣的魔術常數如下表所示：

方陣大小	列／欄總和
2×2	5
3×3	15
4×4	34
5×5	65
6×6	111
7×7	175
8×8	260

由於本章的魔術方陣範例為 3×3 方格，表示每列數字的總和需為 15，因此空格中的幾個數字分別為 4（第一列）、7（第二列）和 1（最後一列）。

方程式

由 n×n 組成的魔術方陣中，每一列、每一欄和對角線的總和都要是所謂的魔術常數（M），這個規則可直接表示成下列方程式：

$$M = \frac{n(n^2 + 1)}{2}$$

每邊由奇數格構成的魔術方陣中，正中間那格的數字會維持不變，例如三乘三的魔術方陣中間格永遠都會是 5。事實上，n×n 方陣中間格的值可以表示為：

$$中間格 = \frac{(n^2 + 1)}{2}$$

因此，只要記住一個簡單原則：在奇數格組成的魔術方陣中，將中間格的數字乘以方陣列數即可得知魔術常數。

戰勝邏輯益智遊戲

對數學稍有了解的話，就能看穿上述幾種邏輯益智遊戲隱藏的規律，進而找到解開謎題的方法。有些科學研究指出，時常利用這類邏輯題目來動動腦，可以幫助我們在上了年紀後腦袋依舊保持靈光。

如何付清卡債

你是否想過，信用卡公司是如何決定每月最低應付金額的？你可能不知道，每月還款金額只要稍有不同，就會大幅延長你付清餘額所需的時間（因為延遲還款所滋生的利息會大量增加），但信用卡公司對此可是心知肚明。

循環利息

幾年前，每月至少還出未繳清餘額的 5%，幾乎可說是信用卡還款的標準規範。直到近幾年來，信用卡公司允許持卡人每月只還餘額的 2.5%，早已不是什麼新鮮事。信用卡公司（以及銀行、抵押貸款機構、借貸單位）都是使用循環利息方程式，計算你應清還的金額。

下方圖表顯示，要是你每個月償還的錢未能超過最低應繳金額，你將永遠無法擺脫債務。此外，從該圖可清楚看出不同最低應繳金額所產生的影響。如果每個月只繳 2.5% 而非 5% 的最低應繳額度，債款餘額下降的速度是否緩慢許多？

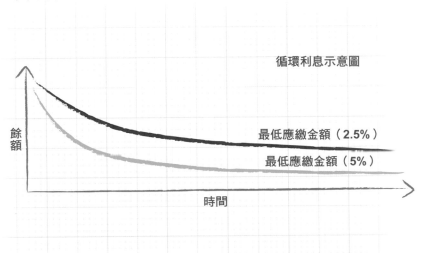

只要將每月還款金額從 2.5% 調升一倍到 5%，就能將還清卡債所需的時間減少一半以上，所付的利息總額也會大幅降低。每個月繳納超過最低應繳金額的卡費之所以在理財上具有正面意義，原因在此。循環利率的可怕真相在於，如果你永遠只繳最低應繳金額，從不繳更多，理論上你一輩子都無法還清卡債。

然而實際上，信用卡公司每個月會要求你支付一筆固定金額，用來償還本金（例如 15 美元），所以你的確能在未來的某一天還清所有款項。花點心思了解數學總是有益無害。

償還餘額

假設你的信用卡年利率為 12%（以每月循環利息累計），未繳清餘額為 B_0，而每月最低應繳金額為未繳清餘額的 5%。

一個月後，新的未繳清餘額 B_1 是前一個月的餘額加上餘額利息，再減去最低應繳金額，計算如下：

$$B_1 = B_0 + (B_0 \times 1\%) - (B_0 \times 5\%) = B_0 \times 96\%$$

如果 B_0 為 1000 美元（而且這個月內不再額外刷卡消費），那一個月後，餘額會變成 1000 + 10 – 50，也就是 960 美元。

第二個月後，餘額 B_2 會是：

$$B_2 = B_1 + (B_1 \times 1\%) - (B_1 \times 5\%) = B_1 \times 96\%$$

看起來和第一個月的方程式相當雷同。

其實我們知道 $B_1 = B_0 \times 96\%$，因此方程式可以簡化成：

$$B_2 = B_0 \times 96\% \times 96\%$$

由此得知，n 個月後需償還的餘額會是原始餘額乘以 n 次 96%，以數學算式表示如下：

$$B_n = B_0 \times (96\%)^n$$

想像未來某天，你終於付清所有餘額，也就是 B_n 歸零。只不過，稍微利用計算機試算一番就知道，無論上列算式中的 n 再大，B_n 永遠不會真正歸零。因此，觀察這些循環利率方程式，我們可以發現，若每期只繳最低應繳金額，就算不再額外花錢，也永遠無法還清債務。

如何用醋清潔打掃

每個人家中流理台下的櫃子裡，通常都堆了好幾瓶化學清潔用品，像是玻璃專用清潔噴霧、地板清潔劑、家具拋光油等，族繁不及備載。在這些清潔劑問世之前，最常見且最廣泛使用的清潔用品就是白醋，而且據科學研究，醋的確具有清潔效用。

醋是醋酸（乙酸）的稀釋溶液，化學式為 CH_3COOH。和其他酸一樣，醋酸也能中和鹼基（簡稱為鹼）性質的化學物質，產生無機鹽和水。正是這樣的化學反應，使醋酸成為有效的清潔用品。

硬水垢

白醋是清除硬水垢的絕佳利器。這種白色粉末質感的沉積物常見於水壺、電熱管和馬桶，成分通常是碳酸鈣，化學式為 $CaCO_3$。醋酸和碳酸鈣接觸會引發以下化學反應：

$$2CH_3COOH + CaCO_3 \longrightarrow (CH_3COO)_2Ca + CO_2 + H_2O$$

右側最後兩項分別是二氧化碳和水，剩下的產物則為醋酸鈣（乙酸鈣，亦即乙酸的鈣鹽）。

皂垢

醋也能用來清除皂垢，與小蘇打（碳酸氫鈉）混合後更能有效疏通堵塞的水管。碳酸氫鈉的化學式為 $NaHCO_3$，與乙酸結合後產生以下化學反應：

$$CH_3COOH + NaHCO_3 \longrightarrow CH_3COONa + H_2CO_3$$

右側的兩種物質分別為乙酸納（一種鹽）和碳酸。碳酸很快就會分解成水和二氧化碳，而二氧化碳會產生泡沫和氣泡，推動水管內的堵塞物，達到疏通水管的成效。

黯淡的銅製品

醋能用來清洗失去光澤的銅製品（氧化銅，化學式為 CuO），包括銅幣。使用醋和食鹽（NaCl）的溶液，就能快速洗掉銅表面的髒汙。過程中發生的化學反應如下：

$$CuO + 2CH_3COOH \longrightarrow Cu(CH_3COO)_2 + H_2O$$

$Cu(CH_3COO)_2$ 是一種稱為乙酸銅的鹽，這種物質可溶於水。食鹽在此扮演催化劑的角色，能大幅加速化學反應。

細菌

還有許多說法，聲稱醋可以對抗家中各種物品表面殘留的細菌。二〇〇〇年，美國北卡羅萊納大學（University of North Carolina）的威廉・盧塔拉（William A. Rutala）博士和同事一起測試醋和小蘇打對抗各種微生物的效果。他們發現，醋的確能顯著減少綠膿桿菌（*Pseudomonas aeruginosa*）和豬霍亂沙門氏菌（*Salmonella choleraesuis*）等微生物，但是對付大腸桿菌（*Escherichia coli*）和金黃色葡萄球菌（*Staphylococcus aureus*）的效果比不上居家清潔化學用品。

如何去除紅酒汙漬

在家開派對聽起來很好玩，但要是有人不慎把紅酒灑在淺色地毯上可就不好玩了。別擔心，科學（尤其是化學）能幫助你在發生這種悲劇時輕鬆以對。

　　派對上難免會有人不小心翻倒酒杯，此時賓客通常會七嘴八舌地提供清理建議。有人建議倒上白酒，有人則堅持氣泡水是最佳妙方，還有一派人會抓來一把鹽，當然也有人會衝到廚房拿紙巾和水。

　　如果打翻的不幸是陳年紅酒，更是可怕的惡夢。不僅浪費了要價不菲的好酒，想要去除這類紅酒汙漬恐怕難上加難。而且，要是就這麼放一個晚上，汙漬乾掉後只會更難清除。該怎麼應付這種煩人的汙漬？此時科學可以幫你一把。

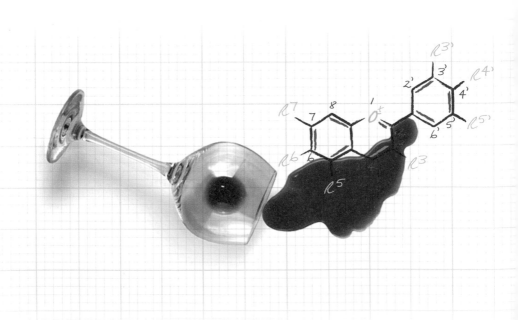

為什麼紅酒容易留下汙漬？

　　說是紅酒，其實有多種不同的紅色，從深粉紅色、紅寶石色到暗紫色都很常見。之所以會有如此多元的顏色，主要是因為其中含有花青素（anthocyanins）。這種物質賦予蔬果藍色、紫色和紅色等色彩，例如櫻桃、紫甘藍、茄子，以及「紅」葡萄（所以紅酒才有顏色）。目前已知有上百種花青素，每一種都具有類似的化學結構，能使色素輕易地附著於各種材質，包括地毯纖維。

　　陳年紅酒涉及的化學作用更為複雜。在這類紅酒中，花青素會與酒中的單寧結合，產生更難清除的分子。

　　那麼，上述提到的各種清潔建議真的有效嗎？這些方法是否有任何科學證據呢？

鹽

　　花青素和鹽（氯化鈉）接觸時不會產生任何化學反應，因此從化學的角度來說，鹽並非特別有效。不過，儘管無法有效去除色素，鹽具有另一個實用的特性：吸收液體的能力很強。這就是用鹽清理地毯紅酒的科學基礎。與其說是處理汙漬本身，灑鹽其實是在吸除紅酒。可想而知，鹽對乾掉的紅酒汙漬自然毫無效用。

氣泡水

　　氣泡水又稱蘇打水，是在水中打入些許二氧化碳，再添加微量礦物鹽（例如碳酸氫鈉或硫酸鉀）所調製而成。如上所述，鹽對花青素的化學作用不大，但換成蘇打水的話，水中的氣泡或許能發揮一點功效。越來越多清潔劑仰賴二氧化碳來

幫助產生泡沫或氣泡，加強潔淨功效。的確有些證據顯示，二氧化碳氣泡有助於使汙漬從附著的材質上脫離，但效果微乎其微。添加會產生二氧化碳的化學物質，其實比較像是增添清潔劑起泡的視覺效果，而非實質效用。

白酒

紅酒和白酒之間最大的差異在於製作方法。前者通常使用葡萄果肉連皮一起釀造，後者則通常不會使用葡萄皮。花青素主要來自葡萄皮，因此白酒自然不像紅酒會留下那麼難纏的汙漬。至於用白酒是否能有效清除紅酒漬？鑑於兩者的成分大同小異，白酒當然也就沒有什麼神奇的祕密配方，能像都市傳說中那樣去除紅酒漬。

清水

許多人看中花青素的特殊顏色，於是利用富含天然花青素的蔬果作為化學染料的替代品。然而花青素有個相當嚴重的缺點：其複雜的組成分子中含有糖，所以它可以溶於水。如果你試著用打碎的紫甘藍來染布，衣料上的紫色很快就會被洗到褪色。

花青素可溶於水的特性正是它的弱點。實驗結果顯示，加水能使大多數種類的花青素轉變成另一種型態——無色的花青素。這項發現相當重要。

事實上，在去除汙漬的各種提議

中，所用的方法是否含水正是關鍵。意思就是，在不使用強效化學藥劑的前提下，去除紅酒汙漬最有效的辦法就是使用清水洗滌，而且要用足夠多的水。紅酒一灑出來，就要立刻在印漬處倒上大量的水。如果手邊沒有清水，白酒和氣泡水都是不錯的替代品，但這兩種東西之所以有效，是因為水分能稀釋汙漬中的紅酒。

吸乾

清洗時務必避免搓揉，因為這樣可能會使紅酒進一步滲入纖維。正確的作法是拿塊乾淨的布或紙巾，把酒水混合的液體吸乾。

科學方法

加州大學戴維斯分校（University of California, Davis）的安德魯・沃特豪斯（Andrew Waterhouse）教授曾深入研究各種去漬用品。他測試了多種清潔方法，包括白酒、鹽，以及市面上所能買到的各種化學清潔劑。

這項試驗探討不同清潔用品對於絲綢、棉花、聚酯纖維與棉花混紡布，以及尼龍等材質的清潔成效。紅酒灑到布料上兩分鐘後，實驗人員在汙漬處噴上各種清潔用品，且隔天再度使用同樣的清潔劑，接著靜置三個小時。之後，他們以冷水清洗布料並晾乾。

研究結果發現，最有效的去漬妙方是用過氧化氫和液態皂混合調製而成的清潔液。但如果對象是較細緻的布料（例如絲綢）的話，沒有任何一種清潔用品特別有效。

部分市售清潔產品會添加過碳酸鈉這種化學物質，當它溶

於水中，可以分解出過氧化氫（雙氧水），與花青素的某種奇異特性相互結合，產生奇妙功效。

花青素會隨著所接觸的溶液是酸性或鹼性而呈現紅色或藍色，有點像化學課所使用的石蕊試紙。鹼性的過碳酸鈉能使花青素變成藍色，接著過氧化氫會將花青素漂白，使布料呈現為人詬病但清潔品廠商時常津津樂道的粉藍色。

下次再有人不小心打翻紅酒，你就知道該如何妥善處理。對於那些穿鑿附會的迷思，一笑置之即可。

如何贏得拼字遊戲

每次都這樣！儘管你自認想出了不少令人拍案稱奇的單字，一路穩紮穩打，但終究還是輸給了無所不知的奶奶。為什麼她總是能獲勝？《拼字塗鴉》（Scrabble）這款桌遊的重點，並非只是使用手上的字母牌拼出最長的單字（除非你一口氣用上七張字母牌），還要根據字母的分配情形和分數，靈活運用不同技巧，才能拿到高分。

頻率和分數

英文版的《拼字塗鴉》共有一百張牌卡，分數和張數如下表所示。除此之外還有兩張萬用牌卡。

字母	分數	張數	字母	分數	張數
A	1	9	N	1	6
B	3	2	O	1	8
C	3	2	P	3	2
D	2	4	Q	10	1
E	1	12	R	1	6
F	4	2	S	1	4
G	2	3	T	1	6
H	4	2	U	1	4
I	1	9	V	4	2
J	8	1	W	4	2
K	5	1	X	8	1
L	1	4	Y	4	2
M	3	2	Z	10	1

字母分配情形

自艾佛·巴特斯（Alfred Butts）發明這款桌遊以來，字母的分配比重至今未曾改變。

巴特斯是怎麼決定每個字母的牌卡張數呢？他分析了各字母出現在《紐約時報》（*New York Times*）頭版的頻率來決定的。他認為這是透過抽樣來認識英文的好辦法。

事實上，頻率分析的確是一種科學研究方法，它能概略顯示每個字母在英文中的使用頻率，如下方長條圖所示。

由圖表可知，人們最常使用字母 E，因此這款遊戲為這個字母分配了最多牌卡和最低的分數；最少使用的字母是 Q 和 Z，這也是為什麼使用這些字母能獲得高分。

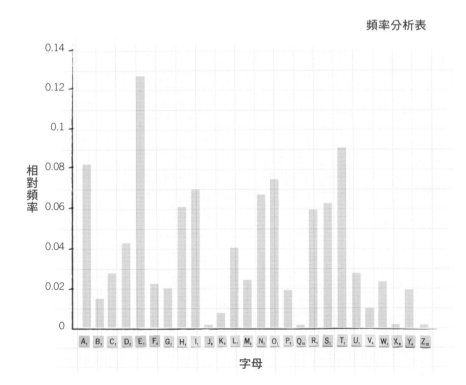

頻率分析表

除此之外，長條圖還指出了幾個不尋常的現象。我們可以看出字母 H 的特別之處——使用頻率和 I、O 及 N 差不多，分數卻是它們的四倍之多。

賽前預想

了解各字母的分配情形，是所有《拼字塗鴉》玩家的必做功課。假設你抽到的牌是 AAFEERM，你可能會在檯面上的 O 周圍擺上 F、R、M 等子音字母，拼成 FROM 或 FORM。然而，由於母音字母的卡牌數量較多，你很有可能抽到 AAEEIIO 之類的牌，這樣的組合就比較難有效運用。

手牌組合

設法奪下「賓果」（即用上手中的七張字母牌卡，可以多加 50 分），是贏得遊戲的主要策略。許多厲害的玩家會熟記六個字母構成的詞幹（stem），可靈活創建由七個字母拼成的詞彙，順利拿下賓果分數。只要了解最有可能出現的字母組合，就能協助你判斷需要保留哪些字母牌卡，以利後續湊成實用的詞幹。最理想的詞幹組合是 SATINE（它本身就是一個名詞），因為除了字母 J，任一個英文字母都可以跟 SATINE 湊成七個字母的詞彙，奪得賓果。舉例來說，如果你手上握有 SATINE，當你抽到 U，就能拼出 AUNTIES；要是拿到 G，則可拼成 SEATING；抽到 D 的話，則能拼出 INSTEAD。不過這個詞幹拼湊出來的詞彙大多晦澀難懂，請務必大量充實腦中的詞彙量，或是準備一本好用的字典。

如何快速使酒冷卻

無論是為了在開酒宴客時精準控制溫度，讓賓客享有最高品質的美酒，或單純只是想喝的那瓶酒剛好還放在紙箱中，忘了提前放入冰箱冷藏，我們難免會遇上需要快速讓酒降溫的時刻。

適合飲用的溫度

我們應該先問：酒應該在什麼溫度飲用最適合？許多人胸有成竹地表示，室溫是最適合酒的溫度。不過現在大部分人的家裡都開著空調，室溫通常維持在 20℃ 至 25℃ 左右。事實上，大多數紅酒在 14℃ 至 18℃ 的狀態下風味最佳。要是你習慣將紅酒放在廚房的酒架上，開瓶前最好先稍微冷卻。

此外，很多人習慣從冰箱取出酒後馬上開瓶享用。冰箱冷藏室的溫度通常介於 0℃ 到 5℃ 之間，但大部分酒的建議飲用溫度應該稍微再高一些，在 7℃ 或 8℃ 左右。

某些酒不適用上述的溫度建議，例如薄酒萊葡萄酒和酒體厚重的勃根地白酒，最好是在 10℃ 的狀態下飲用。

了解葡萄酒的最佳飲用溫度後，該怎麼迅速讓酒達到這些溫度呢？

加溫

相信大部分人的家裡都沒辦法蓋一個專門放酒的酒窖，將酒（至少白酒）維持在適合飲用的溫度，只好仰賴冰箱。白酒開瓶前，應先從冰箱取出靜置一段時間，讓酒稍微上升到最適合飲用的溫度。至於需要靜置多久則取決於室溫，如果你能抵

抗美酒的誘惑，放個十到十五分鐘應該就能讓酒的口感再稍微提升一些。如果將紅酒保存於室溫下，飲用前則應先將酒放入冰箱或冰桶中幾分鐘，使溫度下降一些。

冷卻方式

大部分人遇到的問題是如何「快速」將酒降溫。冰箱是最慢的方法，通常需要幾個小時才能把原本是室溫的物品冷卻。如果你想迅速冰鎮一瓶酒，還有其他幾個方法可以考慮，包括冷凍庫、冰酒套或冰桶。

很多人認為不該把酒放入冷凍庫快速降溫，但這種說法不全然正確。如果要將白酒冷卻至 7℃ 或 8℃，達到最適合飲用的狀態，冷凍庫會是不錯的選擇，大概冰半小時就夠了。但要是酒在冷凍庫放置超過這個時間，那可就不妙了。由於酒精的冰點比水還高，隨著酒溫逐漸下降、越來越靠近冰點，酒本身會開始形成結晶，使風味受到影響。如果冷凍更久，酒瓶甚至有可能破裂，美酒灑滿整個冷凍庫。市面上有不少冰酒套，這種產品內含特殊凝膠，只要平時把冰酒套放在冷凍庫，需要時取出套在瓶身上即可。比起冷凍庫，冰酒套的降溫速度更快，因為酒瓶是靠直接的熱傳導達到冷卻效果，而非透過空氣對流來降溫。

雖說冰桶是歷史悠久的冰鎮器具，不過科學在這裡還是可以派上用場。只在冰桶裡放冰塊的話，效果比不上同時放入冰塊和冰水，後者能在大約二十分鐘內將酒冷卻至適

飲溫度。這個速度還能再更快一點。我們都知道,冬天會在結冰的馬路上灑鹽,這是因為鹽能降低水的冰點,使融化的雪水不易結冰。在冰桶中加鹽也是相同原理,這樣可以延長冰塊融化的時間,從酒瓶吸收更多熱能。

加鹽

冰塊

利用鹽和冰塊
將酒冰鎮

如何省油

油價不斷上漲，習慣開車和騎車的人難免會考慮減少駕駛，降低開銷。可是還是有許多人無法不用車。別心急，只要了解引擎耗油的科學原理，還是可以透過改變駕駛習慣和其他方式，節省日常的油錢支出。

　　二〇〇八年七月，一桶原油將近 150 美元；對比一九四五年至二〇〇八年間，一桶原油平均只要 26.64 美元，簡直是不可思議。汽油價格當然隨著原油油價急遽上升，該月的美國平均油價創下一加侖普通汽油 4.11 美元的紀錄，而英國的汽油價格在同一時期幾乎漲到每公升 1.2 英鎊（等於一加侖 6 英鎊）。到了二〇一〇年四月，這個數據已經是小巫見大巫。

運動方程式

　　為了解如何調整駕駛習慣，我們需要先稍微理解汽車加速和反作用力背後的科學原理。

　　牛頓的運動定律方程式 F = ma，算得上是科學領域最廣為人知的公式之一。該方程式告訴我們，使質量 m 的物體達到加速度 a 需要施加多少的力（F）。這項運動定律顯然能應用至加速中的車輛。

　　不過這個方程式並沒有描繪出完整的事實。我們還需考慮其他作用在汽車上的外力，例如空氣的阻力、輪胎與路面的摩擦力，以及引擎內部的摩擦力。每一股力量都會影響汽車耗用的汽油量。

阻力方程式

空氣阻力是牽制汽車前進速度的其中一項限制因子。這股力量的作用方向與促使汽車加速的驅動力正好相反。

物理學家將此物理作用表示為阻力方程式：

$$F_D = \frac{1}{2}\rho v^2 C_d A$$

其中，F_D 是指汽車受到的阻力，ρ 代表空氣密度（常數），v 為汽車行駛速度，C_d 為阻力係數（請見下表），A 為朝前進方向的汽車截面積。

低阻力係數

汽車（和飛機）研發人員在開發新車型（機型）時，無不全力設法降低阻力係數——因為物體的阻力係數越低，受到的阻力越小（請參見圖 1 和圖 2）。下表列出多種物體普遍承受的阻力係數 C_d。

從上述方程式可知，截面積也會產生重大影響。工程師會試圖將汽車的阻力與截面積的乘積降到最低，也就是說，只要汽車的 $C_d A$ 數據偏低就能減少阻力，有助於節省燃料的消耗。

當然，你也不是只能買 $C_d A$ 數據較低的新車。還有其他與這些方程式有關的因素能減少油耗量，你可以針對這些因素加以改變。

物體	C_d
波音 787	0.024
Toyota Prius	0.25
Mini Cooper	0.35
Ford Mustang	0.46
Citroën 2CV	0.51
Hummer H2	0.57
人類	1
磚塊	2.1

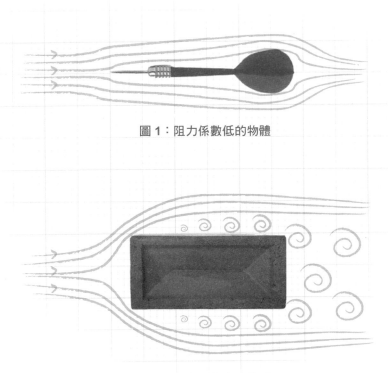

圖 1：阻力係數低的物體

圖 2：阻力係數高的物體

減少重量

牛頓提出 F = ma 的同時，也一併提到另一個方程式 W = Fd，用白話來說，就是功等於力乘以距離。這個方程式告訴我們，外力作用於物體時，若物體沿著力作用的方向移動了一段距離 d，這股力會對物體作多少功（work，以 W 代稱，也就是能量）。這兩個方程式可以結合如下：

$$W = mad$$

由此方程式可知，如果加速度和距離是固定的，所消耗的能量取決於質量；換句話說，質量越小的汽車要在固定的距離

內加速,需要消耗的能量越少。

因此,減少汽車的質量有一定的效用。當然,我們沒辦法減少車輛本身的質量,但我們可以減少車內物品的質量。車上載的重物越多,絕對比較耗油。

平緩加速

上述方程式還傳達了其他訊息:在質量和距離不變的情況下,耗費的能量與加速度成正比。相較於平緩加速,在短時間內猛烈拉高速度會消耗更多能量。為什麼順順地開最省油,猛踩油門和緊急煞車較耗油,原因在此。

車體維持流線外觀

我們已經從阻力方程式中得知,降低 C_dA 數據可以減少空氣帶來的阻力。這告訴我們一件事:如果沒有必要,就別在車頂裝行李架或開著天窗開車,這麼做只會對燃油效率帶來負面影響。

穩定慢行

藉由阻力方程式,我們也可以算出克服阻力需要多少動力。算式如下:

$$P_d = F_d v = \frac{1}{2}\rho v^3$$

由於同一輛車的 C_dA 數據不會改變,加上空氣密度也是常數,於是等號右邊唯一的變動因素只剩下速度。值得注意的是,速度這項因素不僅位於等號右側,而且還要以立方來計算。這在現實中代表的意義是:如果車速加快一倍,汽車就需

要八倍的動力才能抵銷風阻（因為 $2^3 = 8$）。換個角度說，車開慢一點比較省油。

輪胎和摩擦力

路面的摩擦力也不容忽視。汽車製造廠通常會指明建議的胎壓，因為輪胎充氣到適當的狀態後，產生的摩擦力會比充氣不足的輪胎更小。一般而言，未充飽氣的輪胎（橡膠）與地面接觸的面積會更大，因此務必確認汽車的輪胎皆已適當充氣，不僅安全，也可以減少摩擦力。

符合效益的打檔習慣

最後，引擎轉速也是值得深思的問題。如前所述，引擎內部摩擦力也影響了燃料效率。引擎鐘轉速（rpm）越高，內摩擦力越大。因此，只要引擎拉高到合理的轉速，駕駛人就該盡快換檔。大部分專家建議，汽油引擎的轉速達到 2500 rpm 前就該換檔，柴油引擎則應在 2000 rpm 前換檔。

《伊索寓言》的〈龜兔賽跑〉故事告訴我們一個啟示：即使速度不快，穩定前進就能贏得比賽。結果證實，這個道理還有助於節省汽油。

如何生火

要是你曾嘗試生火，不管是在家中使用煤炭，還是烤肉時用木炭，甚至是在庭院中架起木柴堆生火，想必你一定知道，光是要讓火苗持續燃燒就是一大挑戰。生火不單是點燃火柴放到煤炭或木頭上那麼簡單。一開始或許能夠點燃火苗，但通常幾分鐘後就會發出劈啪聲響，最後熄滅。想要讓火苗持續燃燒，往往需要運用一點科學才行。

化學反應

火究竟是什麼？許多人聽到火是「化學」反應的表現而非一種「物理」過程，都會大感驚訝。燃料燃燒的現象可以寫成以下典型的化學反應：

$$燃料 + 氧 \longrightarrow 二氧化碳 + 水 + 熱$$

然而，這是燃料能夠完全燃燒的完美情況。實際上，燃料通常無法完全燃燒，最後難免留下副產品，例如一氧化碳、灰燼或煤煙（碳）。

上述反應能寫成以下化學式：

$$C_xH_y + (x + y/4)O_2 \longrightarrow xCO_2 + (y/2)H_2O$$

其中 C_xH_y 代表碳氫化合物燃料，例如露營時常使用的丁烷（C_4H_{10}）瓦斯，其燃燒的化學反應可表示如下：

$$2C_4H_{10} + 13O_2 \longrightarrow 8CO_2 + 10H_2O$$

這類化學反應稱為放熱過程（exothermic），亦即過程中會產生熱或光，例如燃燒時的火焰或餘燼的火光等。

煤炭和木頭是由許多種有機物（含碳化合物）構成的複雜材料，兩者起火燃燒的方式類似。但是上述方程式並不能呈現實際燃燒的完整樣貌。只是將燃料接觸空氣的簡單動作，為何會演變成熊熊火焰？方程式應該表示如下：

熱＋燃料＋氧 ⟶ 二氧化碳＋水＋更多熱能

一開始需要少許的熱，才能引發燃燒，而後續的化學作用還會產生更多的熱，形成連鎖反應，直到最後燃料消耗殆盡。這就是為什麼我們需要使用火柴來起火。

生火

釐清了火的科學內涵之後，對我們想要生火並使其穩定燃燒有什麼幫助呢？上述方程式讓我們理解火為何燃燒，進而找到改善辦法，使火焰維持不滅。從方程式的前半部分可以知道，生火最重要的元素包括一開始的熱源、一點燃料和少許氧氣。若要讓火焰持續燃燒，就得確保熱源要能維持夠久，而且要有充足的氧和燃料，才能使連鎖反應持續發生。

維持熱源

火柴很快就會熄滅，我們需要找到東西來延續一開始的熱源，所以才會在生火的時候加入火種或一些易燃材料（例如乾燥的落葉或捲

起來的報紙），維持火焰不熄滅。

表面積

接著我們必須確保氧氣充足。這或許聽起來有點怪，空氣中的氧氣量當然足夠，為什麼要特別強調？其實氧氣與燃燒物體表面的接觸面積大小，才是重要關鍵。

想像你有一塊邊長 10 公分的正方體木塊，每一面的表面積為 100 平方公分，總共六面，所以這塊木頭的總表面積為 600 平方公分。

現在，把木頭切成邊長 5 公分的八塊正方體，每一面的表面積為 25 平方公分，每一小塊木頭的總表面積為 150 平方公分。這下原本的一塊木頭變成八塊，表面積總計為 1200 平方公分。換句話說，木頭總體積不變，總表面積變成兩倍。

接著把木塊丟入火中，觀察其燃燒情況。你會發現切成小塊的木頭比一大塊更容易燃燒，因為與空氣接觸的總表面積較大。這就是引火柴的原理：把乾枯的樹枝或是切成小根的木棍集成一束，可以接觸氧氣的總表面積就會比未劈開的整塊木柴更大。

印第安帳篷生火法

上述討論大概可以得出一個結論：將一堆引火柴緊密地堆疊在一起並非好主意，這麼做只會減少接觸氧氣的表面積。因此，許多人採用印第安帳篷生火法。在準備生火的位置放一把火種，將它們鬆散地疊成一堆，接著將引火柴架在火種上方，排出彷彿印第安帳篷的三角錐空間。這麼做能讓空氣在引火柴周圍流動，供應充足的氧氣。點燃火種後，正上方的引火柴隨

圖 1：印第安帳篷生火法

空隙能讓空氣流通
增加氧氣的流量

鬆散成堆
的火種

即被引燃，倒入火堆中維持火焰（請見圖 1）。

木炭金字塔法

　　生火烤肉時也能運用類似的原理，不必再添加打火機油，徒增意外風險。只要將木炭鬆散堆疊成金字塔狀，中央放入要做為火種的材料，就能順利生火。堆成金字塔的木炭之間空隙夠大，足以維持火勢。木炭燒紅之後就能打散鋪平，上方放上網架開始烤肉。

小木屋生火法

　　另一種熱門的生火法，是使用木棍搭建縮小版的「木屋」。在火種兩側平行擺放引火柴，一邊一根，接著在上方疊加木

棍，圍出一個正方形的空間，以此類推，堆疊出一個「木屋」。點燃火種後，別忘了在最上方覆蓋「屋頂」。這種木材擺放方式的空隙夠大，足以維持火苗不滅（請見圖 2）。

引火柴開始燃燒後，就能在周圍擺放主要的燃料，維持火勢。記住，維持氧氣流通，主要燃料不能堆疊得太密；若要增加供氧量，也可以對著火焰搧風。

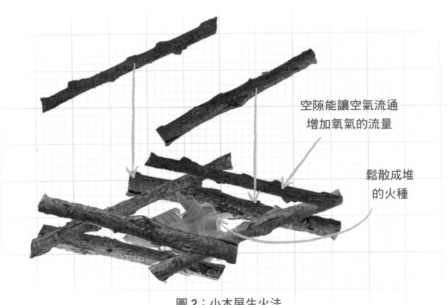

空隙能讓空氣流通
增加氧氣的流量

鬆散成堆
的火種

圖 2：小木屋生火法

如何省水

人們說，水是新的石油。意思是，在這個缺水問題日益嚴重的世界，越來越多人口仰賴耗水量高的作物和產業，而未來想要取得乾淨的淡水恐怕只會越來越困難。

　　無論是為了保護環境、節省水資源，還是單純想省點水費，省水的理由眾多，方法也不勝枚舉。我們在這一篇將聚焦於家庭中最常使用，也最耗水的設備——沖水馬桶，一同探討省水妙招。利用據傳是希臘數學家阿基米德發現的浮體原理，可以有效省水。

靈光閃現的瞬間

　　如果你曾在靈光閃現的當下大喊「尤里卡」（eureka），感覺思緒一下變得清晰，原本百思不得其解的問題隨即迎刃而解，其實你已在不知不覺中向阿基米德致敬。

　　關於這則有名的故事，被記載在古羅馬作家維特魯威（Marcus Vitruvius Pollio）的作品中：國王亥厄洛（Hiero）得到一頂黃金皇冠，然而謠傳某個不老實的金匠在打造皇冠的時候混入了銀。國王想證明這項謠言是否屬實，他大可把皇冠熔掉，檢驗內容物是否和純金的密度相同，但這樣的話皇冠就會被毀掉。

　　阿基米德一邊泡澡一邊苦思，他發現當身體浸入水中時，水就會滿出浴桶。他靈機一動，想到可以利用類似的方法來檢驗皇冠。因為黃金和白銀的密度不同，同樣體積的黃金和白銀

相比，前者的重量是後者的兩倍。他可以將皇冠和等重的黃金放入水中，分別測量溢出的水量，藉此比較兩者的差異。如果皇冠不是純金打造，勢必就得以更大的體積換取相同的重量。

當阿基米德意識到自己解開這個難題，隨即滿心歡喜地跳出浴桶，赤身裸體地跑上街頭，口中大喊：「尤里卡！」（我發現了！）他利用這個方法證實皇冠並非純金鑄造。

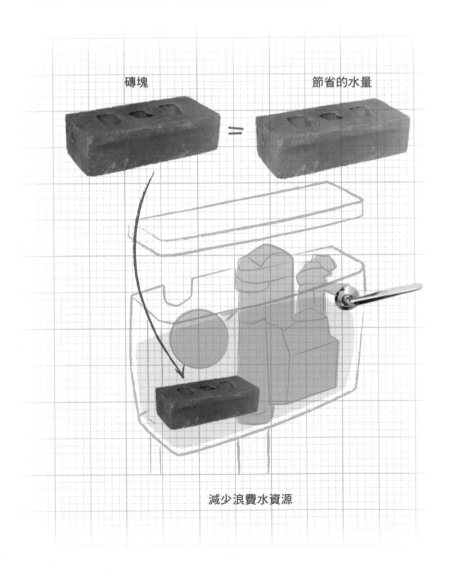

磚塊　　　　　　　　　　　節省的水量

減少浪費水資源

耗水設備

二〇〇八年至二〇〇九年期間，在英國未加裝水表的家庭，每天每人平均用掉 150 公升的水；反觀美國，每人每天的平均用水量是英國的二至三倍，這個數據相當驚人。

對大部分家庭來說，沖馬桶是最耗水的居家活動，尤其舊式馬桶更是如此。每沖一次馬桶，最多可以用掉 17 公升的水；如果是較新型的馬桶，用水量減半。試想一個人每天平均上廁所五次的話，日常用水量有多大。

減少浪費水資源

那麼，我們如何實際運用阿基米德原理來省水？答案就在馬桶水箱中。舊型馬桶水箱比新型馬桶能容納更多的水，導致用水量增加不少，但沖馬桶基本上不需要用到那麼多水。根據阿基米德原理，在水箱中放入物體（磚塊或裝滿水的水瓶最為常見）能排除相同體積的水。換言之，每次沖水後，水箱重新注水時，就能少注入一個磚頭體積的水。

如何為汽車快速除冰

冬天出門前有一項例行公事，能讓開車通勤的時間延長十五分鐘之久，那就是移除擋風玻璃上的冰雪，以便看清楚前方的路況，安全上路。每個人都有習慣的除冰方法，從科學的角度來看，到底哪種方法最好呢？要回答這個問題，首先你得先搞懂車窗結冰結霜的原因。

晨霜

空氣中充滿水蒸氣，但通常只有起霧期間或一大早凝結成露水或冰霜時，我們才能透過肉眼看見。熱空氣比冷空氣挾帶更多水蒸氣，或更準確地說，熱空氣比較能與較多水蒸氣「共存」。隨著氣溫下滑，最終溫度會達到露點（dewpoint），此時空氣會完全飽和，無法再容納更多水蒸氣。在這種狀態下，飽和的水蒸氣會開始轉變成液體型態，這個過程稱為凝結。此時水分會以霧氣、露水等形式出現，要是附著的表面溫度低於冰點就會凍結成冰。

大面積的金屬和玻璃比人行道或草地之類更容易散發輻射熱，導致其表面溫度更低。所以有時你會發現車窗結滿了霜，但地上卻沒有任何結霜的跡象。

預防重於治療

現在我們搞清楚結冰的原因了，那有什麼解決辦法嗎？其實，最理想也最方便的應對之道，就是從一開始就減少結冰的機會，從根本解決這個問題。

　　入夜前，在擋風玻璃上覆蓋輕便的防水布，或許是最簡單的方法。防水布和玻璃之間的空氣會形成隔熱層，雖然防水布本身會變得無比冰冷，但的確能有效防止擋風玻璃結冰。使用這招的好處在於隔天可以輕易拿掉防水布。

　　另一種預防方法是預先噴上除冰劑，防止冰霜形成。以 3:1 的比例混合白醋和水，將溶液裝進噴霧瓶，就是簡單又有效的防結冰噴霧。醋的主要化學成分是醋酸（乙酸），這種酸性物質的冰點為 16.9℃，高於水的冰點，幾乎就要與室溫相同了。然而只要經過稀釋，醋酸的冰點就會降到水的冰點以下，正因如此才能有效地防止結冰。

　　將濃度為 70% 的醫療酒精（含有乙醇）混合洗碗精，除冰效果同樣令人驚豔。如果你預測今晚會非常非常冷，停好車後就在所有車窗上噴灑這種自行調製的除冰溶液。

　　當然，如果沒料到晚上會氣溫驟降，隔天早上準備開車出門時才發現車窗結滿了冰，已經來不及預防了。在這種情況下，你可以嘗試以下幾種方法來處理眼前的冰霜。

自製除冰劑：

1 份水

3 份醋

熱

最顯而易見的辦法，就是提高擋風玻璃的溫度。車內暖氣或許看似最理想的選擇，但耗費的時間恐怕最長。開了暖氣後，冰雪通常會小塊小塊地慢慢融化，需要等上好幾分鐘，擋風玻璃上的冰才會融到能清楚看見前方路面的程度，讓你安全合法地開車上路。

熱水

有些人還會在擋風玻璃上淋熱水，整體來說這並不是什麼好主意。我們都知道物體熱脹冷縮的道理，玻璃當然也不例外。如果你將大量熱水往擋風玻璃澆上去，水流過的地方溫度會開始上升，接著體積膨脹。但由於玻璃各處的膨脹程度不均，使其內部逐漸累積壓力，有可能進一步導致玻璃破裂。縱使擋風玻璃是經過強化的玻璃，但要是曾被石頭砸到而留下裂痕或裂縫，膨脹所帶來的壓力只會讓玻璃變得更脆弱。

如果你決定使用熱水，建議先淋一些冰水，再倒上溫水來清洗擋風玻璃。不過，如果天氣太過寒冷，水一碰到玻璃就會馬上結冰，灑冰水反而會使問題更嚴重。

除霜噴霧

汽車除霜噴霧是廣受歡迎的選項。這類產品通常含有少許酒精，例如甲醇或異丙醇，箇中科學原理正是酒精的冰點遠低於水。除霜噴霧中最有效的成分非甲醇莫屬，其冰點為 -97℃，遠低於水的冰點 0℃。一旦除霜液與擋風玻璃上的水分混合，就會使周圍的冰雪融化。

蠻力

　　物理方法（例如使用刮刀或信用卡）對薄薄一層冰霜還算有效，但要是厚一點的積雪就要耗上更久時間。況且，想要刮除冰霜，如果沒有使用正確的刮刀，可能導致擋風玻璃出現細微刮痕，影響行車視線。

　　事實上，在毫無預警的情況下，最快速有效率的汽車除冰方法是多管齊下：打開車內暖氣，稍微開強一些；噴灑內含甲醇的除冰劑；拿把刮刀，專門對付較難融化的頑強冰雪。

如何烤出蓬鬆的蛋糕和麵包

在家烘焙充滿樂趣，只要準備幾樣基本材料，動手把它們均勻混合在一起，接著就能看著材料在烤箱中變成熱騰騰的麵包、美味的蛋糕，或是鬆軟的舒芙蕾。不過很多時候，當我們打開烤箱的門，卻只能眼睜睜看著即將出爐的成品塌陷，原本引頸期盼的興奮心情頓時變得失望透頂。究竟哪個環節出了錯呢？

泡打粉

　　二氧化碳是使蛋糕蓬鬆的祕密，所以麵團中必須充滿二氧化碳才行。做蛋糕、馬芬和司康時，促成蓬鬆效果的關鍵材料就是泡打粉（請注意，市售的預拌粉已經包含了泡打粉成分）。這是一種由食用鹼（由鈉之類的金屬製成的一種無機鹽）、酸式鹽和少量澱粉混調而成的白色粉末。正常來說，酸和鹼會彼此中和，但澱粉能防止兩者過早發生反應，而且只有在碰到水分、熱源或兩者兼備的情況下，酸和鹼才會產生作用。

　　大多時候，泡打粉中的食用鹼都是小蘇打（碳酸氫鈉），化學式為 $NaHCO_3$。廣義上，促使麵團膨漲的化學反應可以表示如下：

$$NaHCO_3 + H^+ \longrightarrow Na^+ + CO_2 + H_2O$$

　　H^+ 是氫離子（氫原子失去一個電子而形成的粒子），因為泡打粉中的酸而出現在食物中。從反應式右側即可找到促使蛋糕蓬鬆的二氧化碳。

　　泡打粉所使用的酸式鹽通常是塔塔粉（酒石酸氫鉀），化學

式為 $KHC_4H_4O_6$。在這種情況下，化學變化的過程如下：

$$NaHCO_3 + KHC_4H_4O_6 \longrightarrow KNaC_4H_4O_6 + CO_2 + H_2O$$

快速補救塌陷問題

　　如果你的蛋糕、馬芬和司康不夠蓬鬆，可能有幾個原因。第一，麵團中的酸性物質太多。如上所述，二氧化碳主要來自泡打粉中的酸鹼成分產生化學作用。若想獲得最佳效果，酸和鹼的分量必須恰到好處。烘焙食譜之所以對每種食材的分量錙銖必較，原因在此。想提高成功機率，請盡可能遵守食譜建議的分量去操作。

　　然而，即便按照食譜上寫的每一個字去做，還是有其他因素可能導致蛋糕、麵包和舒芙蕾無法如預期中蓬鬆。大氣壓力就是原因之一。如果你所在的地點籠罩在低氣壓中，蛋糕會比在高壓下發得更顯著。氣壓高低造成的差異可能會大到讓蛋糕體的結構撐不起來，此時，稍微減少泡打粉的用量就能解決這個問題（根據食譜中的分量，每一茶匙或許可以少掉四分之一）。

麵包中的氣泡

　　麵包的情況有些不同。麵包是靠酵母產生蓬鬆感，而多數人或許都不想正視一個事實，那就是酵母本身就像蘑菇一樣，屬於真菌類的一種微生物。烘焙時最常使用的酵母稱為釀酒酵母（*Saccharomyces cerevisiae*）。

　　酵母菌的食物來源是澱粉和砂糖等醣類，它們會將這類物質分解成較簡單的分子，過程中會釋放二氧化碳。以麵包為例，酵母菌會分解麵粉中的澱粉，產生二氧化碳，這正是麵包蓬鬆的原因（請見圖1）。除此之外，這個反應過程還會產生另一種意想不到的副產品：乙醇。不過別擔心，麵包不可能害你酒醉──麵團受熱後，酒精隨即蒸發。雖然釀酒的發酵程序同樣利用這個原理，但兩者還是有所差異。

　　當然，酵母產生的二氧化碳不會從麵團中蒸發。小麥製成

圖1：麵團靜置時產生二氧化碳

的麵粉含有麥穀蛋白（glutenin）和麥膠蛋白（gliadin）兩種蛋白質，與水結合後會形成麩質。麩質能賦予麵團黏性，使烤出來的麵包 Q 彈有口感。適當的搓揉能使麩質縱橫交錯，形成細緻的網狀結構。二氧化碳會被困在這種黏稠綿密的結構中，進而撐起麵團，使麵包體積變大（請見圖 2）。

　　烤麵包之所以會失敗，很可能是麵團從一開始就發過頭了，二氧化碳氣泡變得太大，在烘烤過程中坍塌，表面變得凹凸不平，吃起來也沒有彈性。想要烤出無可挑剔的麵包，麵團靜置的時間務必符合食譜指示，別擅自增加或減少時間，這樣麵團才會發得恰到好處。

舒芙蕾的結構

　　那舒芙蕾呢？舒芙蕾的蓬鬆感並非源自二氧化碳，而是麵

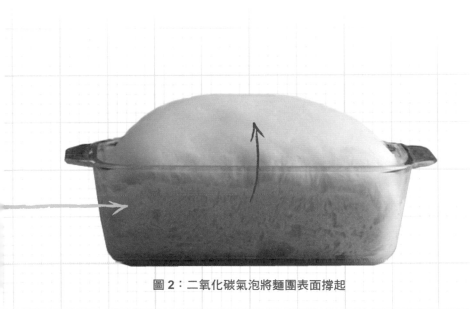

圖 2：二氧化碳氣泡將麵團表面撐起

糊中挾帶的空氣，而且不是化學反應所產生的空氣。這代表我們必須把空氣打進麵糊中才行。打發蛋白的用意，就是要把大量空氣打入其中。麵糊送進烤箱後，蛋白霜中的空氣會因為受熱而膨脹；熱也會讓蛋白硬化，成為舒芙蕾堅固的結構體。

對舒芙蕾而言，最重要的因素不是化學反應，而是物理構造。舒芙蕾的結構必須夠穩固，才能支撐膨脹的體積。要是太薄弱，結構就會受到拉扯而破裂，甚至因為撐不住而坍塌，使整體外觀顯得扁平。

良好結構

若要確保舒芙蕾的結構夠牢固，就要避免麵糊在製作過程中受到「汙染」。蛋白主要是由水分和各種蛋白質構成，迅速攪拌可以使這些蛋白質分離，形成泡沫狀。

脂肪會干擾蛋白形成堅固的外觀構造，是弱化舒芙蕾結構的罪魁禍首之一。不幸的是，蛋黃本身就含有脂肪。正因如此，你必須避免蛋白中混入任何一丁點的蛋黃，才能維持舒芙蕾輕盈細緻的蓬鬆外表。同樣地，如果攪拌盆中殘留任何油脂或沒洗乾淨的肥皂，也可能毀壞麵糊的構造。

現在你明瞭這一切的科學真相了，下次心血來潮想烤蛋糕時，就知道怎麼避免蛋糕表面塌陷，確保過程付出的努力不會白費。

如何增強記憶力

我們都有過類似的經驗：在派對上經由別人介紹認識了新朋友，然後在交談過程中，突然不得不提到這位新朋友的名字。縱使友人稍早前才說了對方的名字，然而在那當下，你的腦中一片空白——記憶力顯然擺了你一道。

同樣的情況不只發生在忘記名字的時候。你是不是常常走上樓拿東西，結果腳一踏到樓上地板，就在樓梯口楞了好幾分鐘，想破頭也記不起來自己到底要拿什麼？或是進了賣場買完東西，回到停車場卻忘記車子停在哪裡？我們可以從幾個方向下手來改善記憶力。

記憶力的科學

開始介紹增強記憶力的方法之前，如果能先從科學的觀點釐清大腦和記憶力的運作原理，勢必能有所助益。

大腦由幾十億個腦細胞所組成，這些腦細胞稱為神經元。每個神經元透過突觸與其他數以千億個神經元互相連結，交換神經傳導物質來傳遞訊息。

利用磁振造影技術掃描大腦，可發現人們在經歷或學習事物時，腦中的不同神經元會變得活躍。若要回想某段經歷或記憶，必須靠大腦重建當初的活動模式。然而科學家至今尚未完全掌握這個確切的過程。

認知心理學（研究資訊如何儲存於大腦的學問）將記憶力定義為三種：感官記憶、短期記憶和長期記憶。感官記憶能相

當短暫地保存與外在刺激相關的資訊，例如味道和聲音，而這種記憶通常只能保留幾秒。

感官記憶中的某些資訊會遭大腦捨棄，有些則會轉移成短期記憶。短期記憶允許大腦保留四到九段資訊，每段約十到十五秒的時間，不過實際保留下來的資訊數量取決於資訊的類型。

經過不斷重複，短期記憶中的部分資訊可以轉移至長期記憶——「重複」正是增強記憶力的關鍵，這點留待後文再述。長期記憶的容量似乎永無止境，而且沒有時間限制。值得注意的是，資訊傳遞的過程至今仍眾說紛紜，備受討論。

充分發揮記憶力

我們該如何運用以上知識，從中受益呢？方法有很多種，出乎意料的是，益智遊戲的幫助可能不大。二〇一〇年的一項研究找來 11,430 名受試者，請他們玩益智遊戲玩六個星期。研究結果顯示，雖然這些參與者玩遊戲的表現有所進步，但其中涉及的技能並未被複製或轉移——廣義的推理、記憶、規劃和視覺空間能力並未因為玩益智遊戲而有所提升。

重複

資訊要能轉移成長期記憶，重複是主要關鍵。接收到需要牢記的新資訊時（例如某個人的姓名），盡可能多次複誦或默唸內容，可以幫助增強記憶。

有人介紹你認識一位名叫艾拉的新朋友時，你可以說：「嗨，艾拉，

很高興認識妳……艾拉，妳在公司擔任什麼職位？艾拉，今天在這裡玩得盡興嗎？艾拉，很開心能與妳見面。」當然，你應該要讓艾拉有機會回答你的問題，而不是連珠炮似的一口氣說完這些問句，否則近期內你大概沒辦法再見到她。

組塊

組塊（chunking）是指將資訊組合成幾個小區塊，只要善用這項技巧，就能擴充短期記憶所能保留的資訊量。舉個例子，將電話號碼每隔幾個數字分成一組，會比直接背誦一長串數字更容易記住。

視覺聯想

比起記文字，人類更擅長記憶圖片。在心中為名字配上容易聯想的畫面，可以幫助你更快記住。

舉例來說，假設你認識一位名叫比爾（Bill）的新朋友，不妨心中想著比爾的臉，配上大嘴鳥的鳥喙（bill），將兩者聯想在一起。另一種選擇是想個與名字押韻的物品。如果你剛認識某個客戶凱特（Kate），可以順勢聯想一個押韻的字詞，例如溜冰（skate），然後想像凱特踮起腳尖溜冰的景象。這個詭異的畫面必定能在你下次遇到凱特的時候，協助你回想起她的名字。

或者，你也可以將名字分解成幾個部分，搭配不同的視覺聯想。假設你剛認識佩妮·科林伍德（Penny Collingwood），你會怎麼記住她的全名？訣竅在於將全名拆解成幾個可以聯想出畫面的單字：pen（筆）、knee（膝蓋）、calling（打電話）、wood（樹木）。想像原子筆從女人的手上掉落，筆尖不偏不倚刺到她的膝蓋，於是她打電話向醫生掛號，講電話時一邊望著

窗外的樹林。這個方法或許聽起來有點愚蠢，但的確有效。

記憶術

　　還有另一個記住資訊的技巧，就是善用記憶術，包括利用詩詞、文字、聲音或動作來製造簡單易記的連結，協助統整相關的資訊。這個方法的根據在於，比起直接回想毫無關係的隨機資訊，一般人更容易記住明確的短句或對個人具有意義的資訊。最常見的記憶手法，是從你試圖記住的資訊中擷取第一個字母，組合成字詞或短語。舉例來說，要依照與太陽的距離順序排出九大行星，只要記得這句口訣就沒問題：My Very Easy Method: Just Set Up Nine Planets（方法很簡單：安排好九顆行星就行）。這句口訣裡的每個單字開頭字母依序代表一顆行星，分別為 Mercury（水星）、Venus（金星）、Earth（地球）、Mars（火星）、Jupiter（木星）、Saturn（土星）、Uranus（天王星）、Neptune（海王星）和 Pluto（冥王星）。另一個很常聽見的例子是指南針方位順序的口訣：Never Eat Shredded Wheat（別吃全麥脆片）。這四開頭字母分別代表 North（北）、East（東）、South（南）、West（西）四個方位。

小睡片刻的功效

　　小睡片刻也能幫助你增強記憶力。以色列海法大學（University of Haifa）大腦與行為研究中心（Center for Brain and Behavior Research）的研究人員請受試者記住一連串拇指和手指的動作，有睡午覺的受試者顯然表現較佳。雖然研究人員尚未完全明白箇中原因，但他們認為睡眠鞏固了受試者對任務的記憶，使其較不易受其他事物干擾而分心。

如何包裝禮物

你手邊有兩個精心挑選的禮物需要包裝，但只剩一張包裝紙。在平安夜深夜，你必須盡速做出決定。這張包裝紙夠包兩個禮物嗎？還是要在最後一刻跑一趟文具店？

　　談到包裝禮物，即便只是處理紙盒這麼簡單的外型，每個人慣用的方法還是不盡相同。有人先在包裝紙的邊緣貼上膠帶，固定盒子的任一邊，然後翻轉紙盒，順勢整個包覆起來；有人把盒子放在包裝紙中央，將包裝紙的四個角拉到紙盒上方黏牢固定。如果從數學的角度思考，有沒有哪種方法使用的包裝紙最少呢？

科學探討

　　有一位數學家研究過包裝禮物的學問，只為了找到最省包裝紙的包裝方法。英國萊斯特大學（University of Leicester）應用數學系的杜瑪斯（Warwick Dumas）發現，包裝邊長分別為 a、b、c 的一般盒子，所需最小包裝紙面積可寫成以下方程式：

$$A = 2 \times (ab + ac + bc + c^2)$$

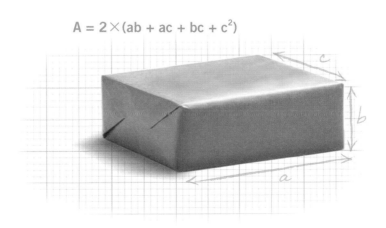

這個等式的概念是計算禮物盒六面的總面積，再為盒子兩側的黏貼處額外預留一些包裝紙（即 c^2）。

包裝禮物

首先，務必確認包裝紙足夠包覆整個禮物。包裝紙的長度應該要夠包裹盒子一整圈，並多出約 5 公分的長度可以重疊。因此，如果盒子最短的兩邊分別為 10 公分和 20 公分，包裝紙至少要有 65 公分長才行（10 + 20 + 10 + 20 + 5 = 65）。

包裝紙的寬度必須是禮物盒的寬度加上一半高度，並額外預留重疊部分所需的紙材。如果禮物盒的寬度為 15 公分，那麼包裝紙的寬度就需要再加上 5 公分（高度一半）和 5 公分（重疊部分），共 25 公分。

將禮物裁切成上述的長與寬，包裝時記得將禮物盒的位置擺放正確，使最長邊與包裝紙的邊緣平行（請見圖 1）。以最靠近自己的包裝紙邊緣為基準，將盒子放靠近邊緣幾公分的地方，同時確認置中擺放，使左右兩側的包裝紙等長。確認盒子和包裝的四邊都維持平行，然後將包裝紙的最遠端往自己的方向拉，塞到盒子底下。如果事前的測量正確，包裝紙應該只會重疊 3 至 5 公分，恰到好處。拉緊包裝紙，將重疊部分黏在下方的包裝紙上。

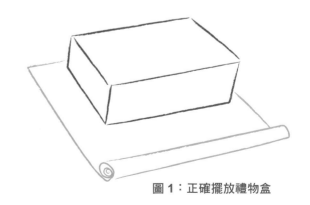

圖 1：正確擺放禮物盒

接著，將側邊的包裝紙往內壓，形成兩個三角形；在做這個動作時，注意別將禮物推到另一側，使其偏離包裝紙的中央。將這兩個三角形沿著盒子的一面貼摺，最後會使包裝紙在盒子底部產生一個小三角形。沿著三角形的邊壓出褶痕，將三角形往中央摺疊，同時持續拉緊包裝紙。拿一小塊膠帶將三角形固定。另一邊也如法炮製，完成上述所有步驟，這樣禮物就包裝完成了。

斜擺包裝法

有些人喜歡將禮物的對角線對齊包裝紙的邊緣，以這種方式包裝禮物（請見圖 2）。不過，數學家杜瑪斯有個壞消息要告訴你：比起前述的方法，這種包裝方式不會比較省紙，而且通常會用掉更多。

如果你堅持用這種方式包裝禮物，這裡倒是有幾項建議：如果禮物的高度乘以 2.5 後，乘積大於其餘兩邊的差，那麼禮物以 45 度角擺放，所使用的包裝紙才會最少。若

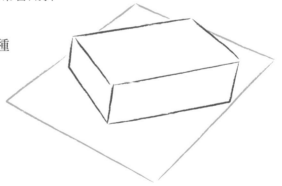

圖 2：斜擺包裝法

是其他情況，數學家建議禮物斜擺的角度越小越好，這樣側邊往內摺時，包裝紙才不會重疊太多，造成浪費。

特殊形狀的禮物

　　要是禮物的
形狀特殊，該怎
麼辦？此時數學
一樣能派上用場。
圓筒狀的禮物（例如
放在紙筒包裝盒中的威士
忌）有兩種包裝方法：如果
圓筒的半徑大於高度的 88%，
最好用盒裝的方法來包裝（請見圖 3）；否則，應拿包裝紙將圓
筒捲起來，再將前後兩端扭成花束造型（請見圖 4）。

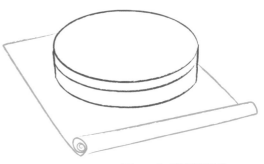

圖 3：包裝圓形禮物

　　球形物體（例如玩具球）特別難處理。球體的表面積算法
為 $2\pi d^2$，其中 d 為球體直徑，計算結果就是至少需準備的包裝
紙大小。然而理論歸理論，實務上總是困難重重。把包裝紙裁
剪成花瓣形狀，或許
可以接近我們要達成
的目標，不過想要包
得完整又美觀好看，
著實是一大挑戰。大
多數人還是會採取簡
單的包裝方式，把球
放進盒子內再包裝。

圖 4：包裝圓筒狀禮物

如何投出旋轉球

多看幾場棒球比賽，很快就能發現投球的方式有很多種，而且投手會投出不同速度的球，使打者摸不著頭緒。如果球的飛行狀態全由姿勢、速度和重力所決定，棒球（以及籃球、足球等其他多種球類運動）比賽就不會如此精采迷人，對球技的要求也不會這麼高。

馬格努斯效應

　　幸好，球類運動不只是單純地朝預設的方向，以正確的力道丟或踢球這麼簡單。科學研究指出，如果在投球的剎那施以旋轉力道，球的行徑路線會在空中「轉彎」，為許多球賽增添細膩且微妙的看點。這背後的科學原理是一種稱為「馬格努斯效應」（Magnus effect）的現象。

　　下圖描繪的是一顆旋轉的棒球，藍色箭頭線條表示掠過球

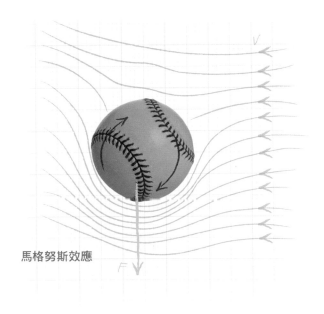

馬格努斯效應

體的氣流。球底部的旋轉方向與氣流相同,速度因此加快;反之,球頂端的轉向與氣流相反,速度因而減緩。速度差異導致氣壓產生些微落差,沿藍色箭頭的方向因而出現一股使球「轉彎」的力量(F),稱為「馬格努斯力」(Magnus force)。

然而投球的實際情況更複雜,因為當球員打擊或投出球的那一瞬間,球體周圍的空氣並非順暢流動。如果投球或打擊的力道猛烈,球在剛飛出去的一小段距離內不會旋轉(自然也不會「轉彎」),之後才會開始旋轉,進而偏離原本的飛行軌道。

精進實力

我們可以運用對馬格努斯效應的了解來提升運動表現,例如在足球罰球時讓球巧妙掠過人牆邊緣,或在棒球比賽中投出曲球。

旋轉讓球的飛行路徑更難以預測,投手可以善用這一點來達到絕佳的欺敵效果。透過手腕和手臂的動作,可以讓球以不同的旋轉力道朝不同的方向轉動。馬格努斯效應能使球偏離正常的軌跡,讓打者更難判斷球的行進方向。舉例來說,曲球在投出時被賦予正旋的力量,所以球的行徑路線比起一般只受重力影響的拋物線更快下墜。

投出曲球的關鍵是以中指貼著球的外側縫線,丟出球時將手臂拉到身體前方,利用手腕將旋轉的力量傳到球上,接著任由肢體順勢自然擺動,完成後續動作。

相同的概念也適用於打者。二〇〇七年,美國伊利諾大學(University of Illinois)的亞蘭·奈森(Alan M. Nathan)在研究報告〈旋轉對棒球飛行的作用〉(The Effect of Spin on the Flight of a Baseball)中指出,棒球打者可以運用馬格努斯力來提高擊出

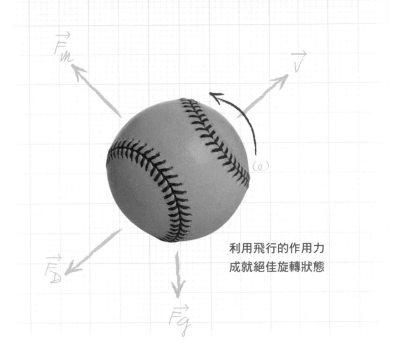

利用飛行的作用力
成就絕佳旋轉狀態

全壘打的機會。奈森將這股力量對棒球產生的作用表示為上圖。

圖中，F_D 是指空氣阻力，v 是速度，F_G 為重力，F_M 為馬格努斯力，ω 則是球的角速度。

研究報告指出，馬格努斯力的大小可表示為下列方程式：

$$F_M = \frac{1}{2} C_L \rho A v^2$$

其中 C_L 為升力係數，ρ 為空氣密度，A 則是球體的截面積。如果球不旋轉，又沒有側向吹來的氣流速度，就不會產生升力，由此可知，C_L 必定與角速度相關。

由於角速度是我們施加於球本身旋轉力道的函數，因此我們可以推知，打擊時應擊中球心以下的部位，給予棒球更多逆旋的力量。逆旋可以增加馬格努斯力，使球飛得更高，延長球在空中飛行的時間。這就是為什麼擊球點應該鎖定球心下緣，藉以提升全壘打的機率。

如何讓家中植物欣欣向榮

和煦宜人的日子，在庭院中採收新鮮的蘆筍或爽脆的蘋果，即使在栽種過程中得冒著寒冷或大雨，到了收成的那一刻，所有的辛苦突然都值得了。不過，如果年年都在同一塊土地上耕種，可能會過分消耗土壤養分，使得收穫不如以往那般豐盛。

植物生長要素

植物行光合作用製造生長所需的「養分」。事實上，這是地球上所有生命的基礎，因為大部分生物（包括人類）每天吃的糧食，都是靠這種方式發育長大的。植物吸收二氧化碳和水，然後利用陽光將其分解為氧氣和碳水化合物，後者便是維持植物生命的養分。

植物的生長要素包括水、陽光和二氧化碳。土壤支撐著植物的結構，協助植物從根部汲取水分，並獲取能讓它長得更快的營養物質，對植物來說很有用，卻非必備要素。幾乎所有植物都能利用水耕方式栽種，以白話來說，就是把植物種在水中而非土裡。植物的根能吸收溶解於水中的養分，不一定要從土壤中獲取。

光合作用流程

光合作用需要水和二氧化碳，過程中會釋放植物不需要的「廢棄物」，也就是氧氣。一般庭院裡的植物可以自然獲取行光合作用所需的水、陽光和二氧化碳。大部分的人習慣把植物種在土裡，確認土質是否富含養分於是成為豐收的關鍵。

土中養分

　　土壤中的營養元素可以幫助植物成長茁壯，然而營養也有耗竭的一天，尤其是菜園裡的土壤最常發生這種問題。許多植栽達人會利用堆肥幫土壤施肥。使用堆肥聽起來好像很簡

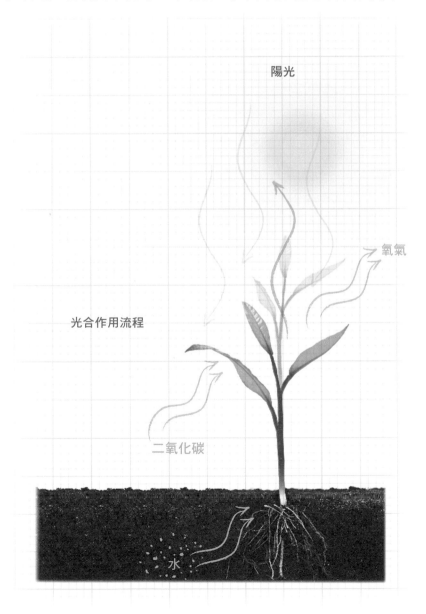

陽光

氧氣

光合作用流程

二氧化碳

水

單，只要把蔬果殘渣、落葉雜草和其他枯萎棄置的植物堆放在一起，幾個月後就會神奇地變成富含營養、質地貌似土壤的物質，與庭院的表土混合後就能產生奇蹟。

事實上，只要了解堆肥桶中發生的事情，有很多種方法可以確保製作堆肥的品質。將有機殘餘物丟進堆肥桶後，「生物大軍」就會開始工作。蟲、蟻、蟎和甲蟲穿梭其間，津津有味地咀嚼，將殘餘物分解成更小的單位。

接著換微生物上場。細菌、真菌和其他微小的有機體開始氧化殘餘物中的碳化合物，通常會持續幾天。這個過程稱為中溫階段（mesophilic stage），因為氧化過程會產生熱，使堆肥的溫度升高。

當溫度越來越高，嗜熱微生物（尤其是芽孢桿菌）會接手繼續分解蛋白質和脂肪。在這個階段，纖維素（植物的骨架結構）會被分解成更小的組成元素。隨著可分解的材料逐漸減少，溫度也慢慢下降，此時中溫微生物便再次成為要角。如果運氣夠好的話，幾個月後剩下的就是富含植物所需基本營養素（尤其是硝酸鹽）的深色土壤。

均衡比例

堆肥的環境條件必須恰到好處，才能製造出品質最佳的堆肥，其中以碳和氮的比例最重要。製作堆肥最重要的細菌和微生物，在碳氮比 30：1 的環境下工作效率最高。只要偏離這個比例，堆肥形成的速度就會變慢，或是在過程中釋放大量的氨。一般來說，乾燥的棕色材料（例如木屑、乾枯樹葉、稻草）富含碳，綠色材料（例如廚房的菜渣）則含有豐富的氮。不妨多加運用這些知識，試著盡可能調配出理想的比例，亦即

乾燥的棕色材料必須遠遠多過綠色葉菜。

含水量

　　適當的含水量也很重要，如果堆肥材料內含太多水分，質地會變得稀鬆，無法成形；如果水分太少，製成堆肥的速度會大幅降低。堆肥的理想含水量為 55% 至 70%，從外觀上看起來就像潮溼的海綿。如果太乾，另外加點水即可。

　　製作堆肥需仰賴微生物，而微生物需要氧氣才能生長。雖然在氧氣偏少的情況下依然可以製作堆肥，但過程較慢，產生的異味也會比較強烈。因此，聰明的「綠手指」通常會「翻攪」堆肥材料，透過適度翻動引入氧氣。最好一週翻動一次。

我們需要多少時間緊急煞車

眼看前方車輛的紅色煞車燈亮起，你一定會出於本能踩下煞車。
如果和前車的距離夠遠，你還可以好整以暇地讓車子緩慢滑行，
最後安全地停下來；反之，下場可能會比保險桿凹陷更嚴重。

運動定律

　　專門探討物體移動的物理學稱為「力學」。物體加速和減
速的原理可表示成幾個運動方程式。為了找出最適當的煞車距
離，我們需要借用的運動方程式包括：

$$v = u + at$$

和

$$v^2 = u^2 + 2as$$

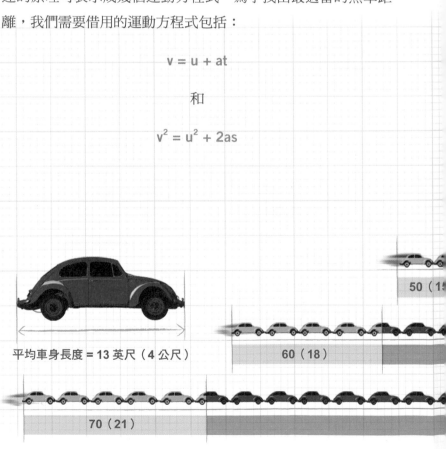

平均車身長度 = 13 英尺（4 公尺）

50（15

60（18）

70（21）

方程式中的 v 代表車子的末速度，u 代表初速度，a 代表加速度，t 代表實際發生加速事實的時間，s 代表物體移動的距離。

考過汽車駕照的人，通常不會對「煞停距離」太陌生。正式考取駕照前，新手駕駛必須了解在不同速度下，汽車通常需要多遠距離才能完全靜止（請見下方圖表）。所謂煞停距離，是指「反應距離」和「煞車距離」的總和。這裡一併換算成秒速，方便回答本篇題目所討論的問題。

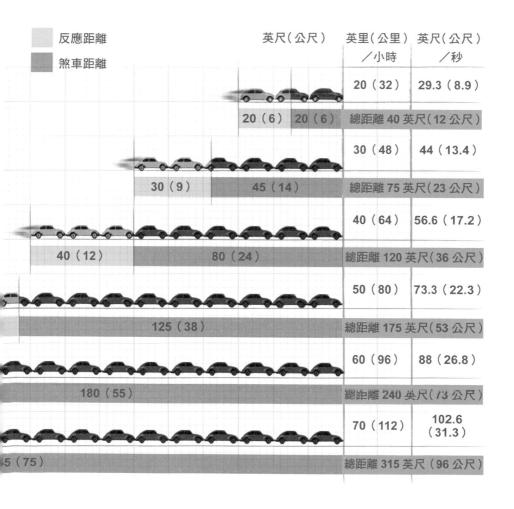

| | 反應距離 |
| | 煞車距離 |

	英尺（公尺）	英里（公里）／小時	英尺（公尺）／秒
		20（32）	29.3（8.9）
20（6） 20（6）		總距離 40 英尺（12 公尺）	
		30（48）	44（13.4）
30（9）	45（14）	總距離 75 英尺（23 公尺）	
		40（64）	56.6（17.2）
40（12）	80（24）	總距離 120 英尺（36 公尺）	
		50（80）	73.3（22.3）
125（38）		總距離 175 英尺（53 公尺）	
		60（96）	88（26.8）
180（55）		總距離 240 英尺（73 公尺）	
		70（112）	102.6（31.3）
45（75）		總距離 315 英尺（96 公尺）	

我們知道，車速越快，所需的煞停距離越長；然而有些人可能不知道，煞停距離並非隨車速呈倍數增加，而是更多。舉例來說，車速時速 40 英里所需的煞停距離，會超過時速 20 英里所需距離的兩倍。

將前頁圖表中的反應距離除以相對應的車速（距離／時間），即可算出反應時間。由此可以，專家認為一般人看見前車的煞車燈亮起後，通常需要 2/3 秒的時間才能做出反應。

多快可以把車停下？

我們可以利用前述方程式算出煞車（或減速）的速度，並釐清車子完全靜止所需的時間。

假設時速為 20 英里（或秒速為 29.3 英尺），煞車距離為 20 英尺。現在將這些數據套入第二個方程式，亦即 v = 0、u = 29.3 英尺／秒、s = 20 英尺，以此算出煞車的速度。

經過移項後，$v^2 = u^2 + 2as$ 可以重新整理為：

$$a = \frac{v^2 - u^2}{2s} = \frac{(0 - 858.49)}{2 \times 20}$$

換句話說，a = -21.65 英尺／秒。請注意，負號代表煞車（減速）而非加速。

接著，我們可以使用 v = u + at 算出汽車完全停下所需的時間。將方程式重新整理一下：

$$t = \frac{v - u}{a} = \frac{(0 - 29.3)}{-21.65}$$

由方程式可得 t = 1.35 秒。最後再加上反應時間，表示我們需要至少 2 秒才能把車停下。

開車時謹記

這些運動方程式適用於等速加速或減速（煞車）的情況，用白話來說，就是腳踩煞車的力道保持不變。然而科學告訴我們，只要提升減速度（亦即將煞車踏板踩得更深），汽車完全停止所需的距離就能比表中所列的距離更短。

善用方程式，我們就能算出在任何速度下的煞停距離和時間，並非只能參考表中有限的數據。如果你打算開上德國的高速公路（沒有速限），可利用方程式算出你與前車應該保持多長的車距。

從上述討論可知，駕駛的反應時間至關重要。縮短反應時間有助於大幅減少煞車所需的距離。若反應時間減半，可以為你省下 35 英尺（10 公尺）的反應距離——比兩輛車頭尾相連還長。要是不幸發生車禍，這段距離已足夠逆轉情勢。

如何消除口中的蒜臭味

自從人類開始吃大蒜，這個問題就一直存在。只要和剛吃過大蒜的人靠近一點，就會聞到那難聞的蒜臭味，躲也躲不掉。

臭味背後的科學原理

大蒜素有「發臭的玫瑰」之稱，惡名昭彰，但這並不讓人感到意外。大蒜獨特的味道來自大蒜素（allicin），其化學名稱為 2-propene-1-sulfinothioic acid S-2-propenyl ester。

不過有件事或許會讓人感到意外，那就是大蒜素並非一直存在於大蒜中，唯有壓碎或切開大蒜後，才會產生這種物質。大蒜中原本就含有蒜氨酸酶（alliinase）和蒜胺酸（alliin），在正常情況下，這兩種化學物質被分開存放，唯有當蒜頭受到擠壓而破裂，兩者才會混合在一起，產生臭味。完好的蒜瓣之所以沒有這股獨特的氣味，原因在此。也因為如此，放入整顆蒜頭烹煮的料理，時常不如使用蒜末的菜餚來得香。

美國明尼蘇達大學（University of Minnesota）的蘇亞瑞茲（Fabrizis Suarez）博士和同事在一九九九年的研究中，詳述了吃大蒜會產生口臭的原理。吃了大蒜後，大蒜素進入胃中，分解成幾種不同的化合物。這些物質進入腸子和肝臟，進一步被分解，最後排出體外。

然而，這個過程也會產生有害氣體甲基烯丙基硫醚（allyl methyl sulfide, AMS），這種氣體無法經由上述方法分解，反而是由血液吸收，輸送到全身各部位。AMS 會進入尿液，使尿液產

生腐臭味，此外也會滲入皮膚，使汗水散發臭味。當 AMS 抵達肺部，則會使呼出的口氣瀰漫著蒜味。這整個過程可能會從你吃下大蒜的那一刻起，接連耗上好幾天。

自從蒜味口臭成為惱人的問題以來，坊間就流傳著各種除臭方法，但這些「天然偏方」背後有沒有任何科學根據，能證明其功效呢？

巴西里

最常聽見的偏方大概就是吃新鮮的巴西里，而其中原因似乎與葉綠素（植物所含的綠色素）有關。深綠色的巴西里富含葉綠素，在使用大量蒜頭的食譜中時常可見巴西里的身影，包括大蒜麵包。但從科學的角度來看，巴西里到底效果如何？

早在一九五三年，科學家就對葉綠素的功效爭論不休。刊登於《英國醫學期刊》（*British Medical Journal*）的〈評估葉綠素的除臭效果〉（Assessment of Chlorophyll as a Deodorant）一文中，英國格拉斯哥大學（University of Glasgow）的布洛赫斯特（John Brocklehurst）博士發現葉綠素對消除蒜臭味並無顯著效果。他在論文中寫道：「水溶性葉綠素和各種味道強烈的溶液（包括大蒜糖漿）攪拌在一起，即使曝曬到多個月，仍無法消除這些大蒜溶液的味道。」

其他天然偏方

許多廣為流傳的傳統除臭配方同樣缺乏經過實證的科學根據，例如咀嚼茴香籽、大茴香籽或小荳蔻，據說都能幫助消除

蒜臭味。印度餐廳時常提供茴香籽，大概就是因為這個緣故。但是目前並沒有已知的科學證據可以支持這種作法，實際上似乎只是這些香料的強烈味道暫時掩蓋了蒜味，而不是真正產生化學反應中和了臭味。

科學解方

那麼，科學家認為哪些方法才真正有效呢？答案很簡單：漱口水。這種產品一般常用於消除口臭，有證據顯示，特定類型的漱口水的確具有消除蒜臭味的功效。

由全球研究人員共組的非營利機構考科藍合作組織（Cochrane Collaboration），就曾檢視以漱口水對抗口臭的種種科學證據。該組織進行了五場隨機對照試驗（在這類試驗中，研究人員隨機發放漱口水或類似的安慰劑替代品給受試者），檢驗是否能有任何有力的科學證據足以證明漱口水的確有效。

研究人員發現，成分含有氯己定（chlorhexidine）和西吡氯銨（cetylpyridinium）等抗菌劑的漱口水「在減少舌頭上產生口臭的細菌方面，可能扮演著重要的角色」，而內含二氧化氯和鋅的漱口水則「能有效中和散發惡臭的含硫化合物」。講到含硫化合物，AMS 的臭味可說名列前茅。下次購買漱口水時，不妨仔細看看瓶身上的標籤，確認其成分含有二氧化氯和鋅。令人沮喪的是，除了不吃大蒜之外，這就是目前科學對抗蒜臭味的極限了。

如何拍出完美照片

數位相機讓我們能隨心所欲拍下數千張照片，最後只留下最滿意的幾張，其他全數刪除。相較以前要花錢沖洗底片才能看到成果，拍照時自然再三琢磨；如今靠著數位相機，一眼就能明辨不同構圖的差異。然而有時候，我們還是會希望度假時拍的照片可以多點專業質感或藝術氣息，來襯托照片中的主角。

想要拍出令人讚不絕口的作品，同時避免費心勞力整理數量龐大的可怕照片，不妨參考幾種科學方法，在按快門的當下好好構圖。

黃金比例

黃金比例的相關研究可追溯到兩千多年前的古希臘時期。提出畢氏定理的畢達哥拉斯（Pythagoras）是歷史上最早深入探究這個概念的代表人物之一。古希臘數學家因為幾何學的相關應用而對這個比例特別感興趣。

一五〇九年，與達文西同時代的義大利數學家帕西奧利（Luca Pacioli）出版了《神聖比例》（*De Divina Proportione*）一書。該書不僅探討比例在數學中的應用，也說明了藝術和建築領域運用比例的方式。書籍出版後，許多文藝復興時期的畫家和建築師紛紛在作品中使用黃金比例，就連達文西也不例外；他們深信這個比例能帶來賞心悅目的美學感受。

假設現在有一條直線被切分成兩段，其中一段的長度為 a，另一段的長度為 b，如下頁的圖所示。整條直線的長度為 a + b。

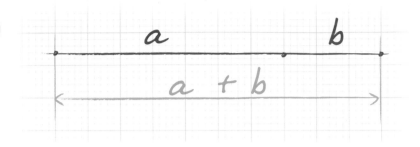

黃金比例（通常以希臘字母 Φ 來代表）可表示如下：

$$\Phi = \frac{a+b}{a} = \frac{a}{b}$$

經過計算後得到的數字為 1.618033……（小數點後的數字無窮無盡，亦即所謂的無理數）。

費波那契數列

為什麼黃金比例會對藝術產生影響？費波那契數（Fibonacci number）或許能給我們答案。這些數字形成的數列如下：

1 1 2 3 5 8 13 21 34 55 89 ……

在無止盡的數列中，任一數字會等於其前方兩個數字的總和，例如 89 = 34 + 55。有趣的是，如果你任選一個數字除以前一個數字，會發現相除的結果始終在某個固定數值上下波動；若持續逐項計算下去，結果會越來越趨近該數值。舉例來說，89 除以 55 等於 1.61818……這數值是不是很眼熟？如果按照數列繼續計算下去，得到的結果會越來越接近黃金比例。

隱藏於大自然中的密碼

承上所述，黃金比例在費波那契數列中具有極為重要的地

位。事實上，在大自然中隨處可見費波那契數列。舉凡幼芽和花瓣，乃至花朵種籽莢中的種籽排列，都遵循著費波那契數列的規則。鸚鵡螺的螺旋曲線，也和費波那契數列的規律息息相關（請見下圖）。以數列中的數字為邊長，接連畫出比鄰的正方形，接著在各個正方形的對角畫出四分之一圓的弧線，最後連成的螺旋曲線與鸚鵡螺的外型極度相似，且結構與黃金比例的關係密不可分。

　　或許就是這種與大自然的關聯，使文藝復興時期的藝術家深深著迷，促使他們深信只要在作品中融入黃金比例，就等同於追隨上帝（或至少自然界）的腳步。

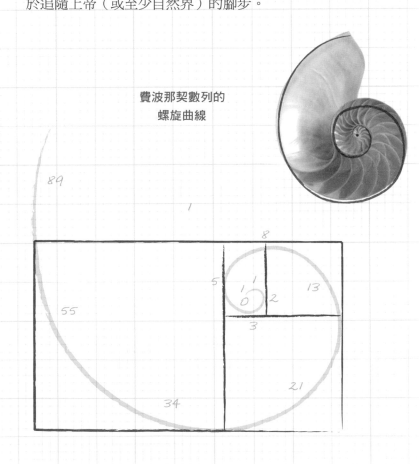

費波那契數列的
螺旋曲線

攝影中的黃金比例

若想在拍照時運用黃金比例，可善用相機的長方形取景螢幕。我們可以畫出一條虛構的橫線，依黃金比例劃分螢幕畫面（圖1）。

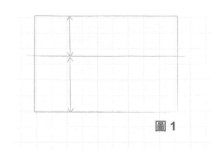

圖1

以同樣的原則畫出一條垂直線，兩條線會相交於紅點（圖2）。再根據對稱原則，我們可以得到另外三個類似的交點（圖3）。

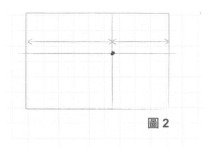

圖2

實際運用這些假想的紅點才是真正有趣的地方。攝影時，建議把相片主體最重要的部分對齊其中一個紅點，而非置於畫面正中央。

例如，假設你想拍下某人的臉，可將雙眼或微笑的嘴巴放在紅點上；如果要拍風景，可以試著在景色中找到值得關注的元素（例如山坡上落單的綿羊，或水面上游水的鴨子），將其擺放在紅點處。

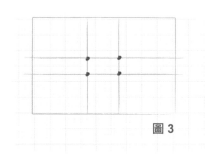

圖3

仔細觀察以下三張照片。第一張相片中的無人島在畫面中央，你或許會覺得這是相當

動人的風景照。然而，如果將小島移到其中一個假想的紅點上，可以得到第三張照片。許多人會下意識覺得第三張照片的構圖比較理想——儘管說不出個所以然，只是單純感覺畫面看起來比較舒服。

　　另一種拍攝技巧是巧妙利用畫面中的元素（例如小徑、步道、柵欄的線條），將觀看者的目光從相片角落引導到紅點處。最後一種構圖手法大同小異，就是運用費波那契數畫出來的虛構螺旋曲線，將觀看者的視線引導到任一個紅點。綜合以上所述，你會發現數學也可以在藝術創作中佔有一席之地。

如何把球丟得更遠

很多人在青少年時期熱衷學習投球,但球要丟得好其實相當困難。為什麼只有少數人可以成為世界級的棒球投手,而其他人只是要把球丟到幾公尺外的地方都感到力不從心?這些世界級運動好手早已深諳丟球背後所隱含的科學原理,例如重力、彈道學和人體生理學。

研究飛行軌道

　　球離開手之後的飛行路徑或軌道,取決於哪些因素?其實很多人跟你一樣不清楚答案。科學家花了幾百年的時間研究物體的前進路徑(尤其是砲彈和火槍子彈),才搞懂其中的學問。

　　義大利數學家伽利略(Galileo Galilei)率先領悟了重力在物

軌道角度

θ

體前進過程中所帶來的重要影響：球離開手之後，重力會將球
往地面拉。

　　首先，我們需要思考球丟出去那一瞬間的球速，稱為 v。由
於速度是一種向量（具有方向），我們可以將其拆解成垂直分量
v_v 和水平分量 v_h，兩者具有以下關係：

$$v_v = v \sin\theta$$
$$v_h = v \cos\theta$$

θ 代表球前進的路徑和地面之間的角度（請見下圖）。

　　假設沒有空氣阻力，v_h 在球飛行的整個過程中維持不變，
但 v_v 並非如此。如果能在球飛到最高點的瞬間拍張快照，你會
發現球在垂直方向上呈現靜止狀態，亦即在那一瞬間，v_v 為零
物件（zero object）。

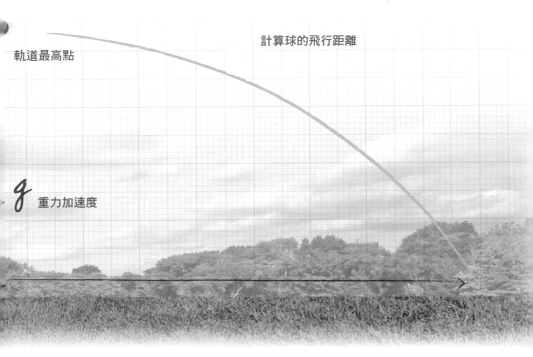

軌道最高點

計算球的飛行距離

g　重力加速度

我們可以利用運動方程式，計算球抵達最高點所需的移動距離：

$$v = u + at$$

上列方程式中，v 代表末速度，u 代表初速度，a 代表加速度，t 代表時間。若僅考量速度的垂直分量，並考慮球丟出後上升到最高點的距離，可以下列方程式表示：

$$0 = v_v - gt$$

由於球抵達最高點時的「末」速度為零，因此 v_v 是該速度的初始垂直分量，而 t 為抵達最高點所需的時間。這裡需要留意的是，我們已將 a 設為 -g：g 是重力加速度（每二次方秒 9.8 公尺），減號則表示這是一股減速而非加速的力量。

因此，球抵達最高點所需的時間為：

$$t = \frac{v_v}{g} = \frac{v \sin\theta}{g}$$

由於這是球行進到最高點所花的時間，因此總行進時間（姑且以 T 來代表）會是兩倍，表示如下：

$$\frac{2v \sin\theta}{g}$$

有鑑於水平速度不變，我們可以得知，球行進的距離（s）等於水平速度乘以總時間：

$$s = v_h \times T$$

或

$$s = \frac{v \cos\theta \times 2v \sin\theta}{g} = \frac{2v^2 \sin\theta \cos\theta}{g}$$

由於 g 維持不變，所以球的行進距離取決於初速度，而且關鍵在於球投出去的角度。

判斷角度

由於速度終究受限於投球者的體能，投球角度顯然成了重要關鍵。將上述從數學角度切入的討論進一步延伸，只要利用微分（differentiation）就能找出最理想的投球角度（這裡暫且不談微分的細節，如果你想挑戰自我，可以試著微分 $ds/d\theta$，將其設為零）。藉由這個微分過程，你可以算出最佳投球角度是與地面呈 45 度。

不過，現實世界中還有其他因素需要一併考量，像是阻力和風。空氣阻力會快速減緩球的飛行速度（阻力與速度平方成正比）；若飛行過程中吹來一股強勁的風，則會使球偏離原來的軌道。

此外，你還需要考量速度和角度之間的關係。上述算式皆假定你能朝著任何一個預定的角度丟出等速飛行的球，但人體肌肉在力學上有其限制，實際情況恐怕與理想狀況有不小的落差。

二〇〇六年，英國布魯內爾大學（Brunel University）運動與教育學院的林索恩（Nicholas Linthorne）和艾弗雷特（David Everett）利用錄影分析方法，找到足球比賽中擲界外球的最佳角度約莫與地面呈 30 度，因為球員以 30 度角丟出的球速能比 45 度角更快。這項研究也指出，最佳角度會因選手本身的體型、肌力和投球技巧而稍有差異，所以 30 度並非對所有人來說都是最佳角度。

如何游得更快

人類不像某些哺乳類動物天生就擅長游泳，通常得透過學習和練習才能精通這項技能。多數人把游泳當成休閒娛樂，沒意外的話，短期內無法贏得任何游泳金牌。但如果你想稍微加快游泳的速度（或因為某些原因而急著離開水中），的確有些方法能夠改善技巧，協助你游得更快、更有效率。

負向作用力

　　物體移動的速度和方向受到各種力所影響，在水中游泳當然也不例外。有重力將你往下拉，同時也有浮力幫助你浮起；雙腿和雙臂產生的力將你往前推送，同時又有阻力（水施加在身體上阻擋你前進的力）減緩你移動的速度。我們對重力無計可施，但如果能設法減少阻力，相對地就能游得更快。

　　提高前進的速度與力量顯然息息相關。想要游得快，划水的頻率和幅度是最重要的兩項因素，兩者兼顧才能游出最佳成績。不顧一切地快速擺動手臂，不僅會讓你更快筋疲力竭，還會連帶縮短雙臂划動的幅長。此外，物理學也告訴我們，阻力會隨著速度上升而增加，所以盡可能減少阻力就是關鍵。

　　設法精進游泳技巧，用最有效的方式擺動手臂、軀幹和雙腿（從不同的泳式就能清楚看出速度的差異，例如自由式就比蛙式更快），並且讓身形更流線化，盡量減少在水中移動時可能產生的阻力，即可達成上述目標。塑造流線外型無庸置疑是最有用的辦法，就像設計汽車和飛機的工程師無不想方設法減少車身和機身承受的阻力，打造出最快的賽車和飛機。

減少阻力

想減少在水中移動的阻力，其中一種方法是掌控身體的重心。大部分人的重心都落在胸部位置，所以每次划水時記得將胸部往水裡壓，這個動作會使臀部升起，確保整個身體不會過於沉入水中，導致游泳時的水阻增加。

姿態流線化

游泳時，試著讓身體保持流線型。以蛙式為例，雙腳像青蛙一樣踢水時，能為身體帶來最大的推進力量；雖然手臂划水的動作也能製造一些推力，但比起雙腳簡直小巫見大巫。在踢水時，也就是推進力道最大的時候，試著讓泳姿保持流線型（請見圖1）。因此，雙臂往後拉回身側時，應立即加速往前伸直，確保雙臂能在雙腳踢水時筆直地朝向前方。

頭的位置也能盡量符合流線化的原則，提高前進的速度。許多人習慣使用「抬頭蛙」的游法，全程挺著頭往前看，但這種方式會大幅增加阻力。往前游的時候，頭應該停留在水中，雙眼注視水底，需要換氣時才將頭抬離水面。抬出水面的高度只要足夠吸氣即可，不宜過高，下巴則維持往胸部方向收攏。

自由式能大幅減少水阻，因為手臂是從水面上回到水中，而不是在水中移動。除此之外，你還能將手臂貼近身軀，並記得讓大拇指或中指先入水，減少水面下的擾動，進一步提升流線化的效果。

搶得先機

對游泳比賽而言，「贏在起跑點」這句話其實大有學問。無論是從出發台躍入水中，或是蹬牆出發，都適用相同的建議。

躍入水中的重力助推（gravity assist）和蹬牆的彈簧效應（spring effect），都能協助你在剛開始出發時前進得比實際游泳更快。想要從這個動作獲得最大效益，你需要盡可能順暢地在水中滑行，而這又再次呼應了之前提到的身形流線化概念。奧運游泳選手的姿勢效果最好：頭往鎖骨方向內收，雙手高舉過頭，使二頭肌緊貼耳側，指尖筆直地指向前方。入水後，應盡可能拉長以這個姿勢前進的距離，因為身體一旦浮出水面，阻力就會隨即增加。

另外還有一個訣竅可以幫助你提升泳速，就是學著利用泳池牆壁來轉身。要是你游到泳池邊停下來，轉身再開始往回游，等於平白浪費寶貴的時間，同時打亂了游泳的節奏。學會在游到盡頭時利用翻滾式轉身來銜接回程，能顯著縮短來回一趟所需的時間。轉身時得先翻個筋斗，接著再蹬牆重新出發；

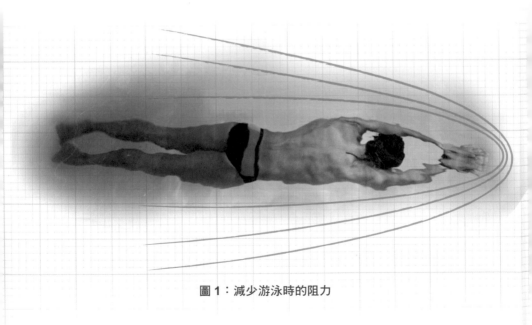

圖 1：減少游泳時的阻力

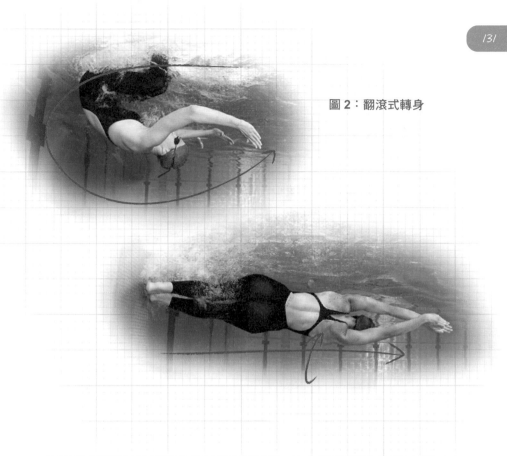

圖 2：翻滾式轉身

旋轉身體時手臂要記得維持高舉過頭，使上半身呈現流線型的
姿態（請見圖 2）。

超級泳衣

在減少阻力方面，還有另一個較有爭議的科學作法。北
京奧運落幕後，南非運動科學家塔克（Ross Tucker）和杜加
（Jonathan Dugas）檢視泳壇選手保持的世界紀錄，並與田徑運
動相互比較。兩者之間的差異相當驚人。觀察結果顯示，女子
游泳世界紀錄平均只維持了八個月，就會有其他選手寫下新的

紀錄。

他們指出：「泳壇好手打破世界紀錄的頻率呈現非比尋常的現象。部分原因在於這項運動本身就比較容易出現新的紀錄，因為只要選手在技巧、姿勢和訓練等方面稍微調整，在場上的運動表就能現產生相對顯著的改變。」

他們接著表示，世界紀錄頻頻更新，與泳衣製作技術不斷進步有更大的關係。二〇〇八年，泳壇的各項世界紀錄總共刷新了一百零八次。更令人玩味的是，其中打破紀錄的七十九名選手都穿著同一套泳衣──Speedo LZR──上場比賽。這套極度緊身的泳衣並非縫製而成，而是採用無縫線的熔接技術，並使用 NASA 設計的聚氨酯表層材料，據信能留住空氣而產生額外浮力。對此，國際游泳總會（FINA）終於同意這套泳衣和其他類似的產品不太對勁，並於二〇一〇年一月正式禁止選手穿著這類泳衣參賽。從此，男子選手的泳衣包覆範圍不得高於肚臍或低於膝蓋，女子選手的泳裝則不能蓋住脖子，且所有泳衣都必須以「紡織材質」製成。

FINA 的這項禁令只適用於奧運和世界游泳錦標賽。有些國家的游泳協會也跟進頒布這項禁令，但並非所有層級的比賽皆禁止穿這種泳衣。如果你要參加的比賽不在這項新規矩的適用範圍，像 Speedo LZR 這種先進的泳衣顯然可以幫助你在比賽中取得優勢。

如何駕駛帆船

想成為出色的水手，你必須先搞懂物理和數學。有些人以為帆船的運作方式很簡單，只要有風從後面推動船帆，船就能往前航行。如果是順風航行，這麼說絕對正確。根據常理判斷，朝著迎面而來的風航行並非好主意，而且幾乎是不可能成真的天方夜譚，無論如何努力也只能原地打轉。

航行的作用力

但凡看過帆船賽事就明白，帆船不只能順風航行──要是這樣的話，不僅觀眾看了呵欠連連，帆船更不可能成為實際的交通工具。除了無法直接逆風前進，帆船幾乎可以往任何方向航行。

推著帆船前進的那股力量正是升力（lift），這也是讓飛機能長時間在空中飛行的主要力量。風帆的功用有點類似飛機的機翼，特殊的形狀使兩面的風速不一，風速較快的那面空氣壓力較小。這樣的壓力落差於是產生升力，將帆船往垂直於風帆的方向推進。

這股升力可能相當強勁，並且將船隻往側邊推送，而非往前行進。然而，還有另一種類型的升力作用於船身，這股力量來自帆船的龍骨（keel）。龍骨浸入水中，隨著水從兩側流過而產生升力，但這股升力的方向與風帆的空氣升力相反，抵銷了側向推力，留下了將船隻往前推進的動力。

根據船隻本身的設計，現代帆船可以風向為基準，朝 35 度至 90 度之間的任一方向航行。較小的角度適用於競速帆船，例

如美洲盃和奧運等賽事使用的船型。

為了迎風航行，帆船必須以之字形的路徑前進，這種航行方法稱為「之字形航駛法」（beating）。每完成一個航段（leg），船隻必須搶風轉變航向，也就是改變船頭方向。

驅使帆船前進的動力最終會將船隻帶往風吹來的方向。比起直接朝著目標方向航行，這麼做顯然可以移動地更遠。而且這是唯一的選擇，別無他法。

全速前進

那麼，怎麼做才能讓帆船移動得更快一些，好贏得比賽？這聽起來或許有點違反直覺，但船身盡可能與視風（apparent wind）的來向保持垂直，側風行駛（reaching）才是最快的辦法。儘管海浪的波峰打在船頭上，多少會減損實際效果，但這依然是最佳之道。由此可知，航行的首要考量是視風而非真風（real wind）。而所謂的視風，是指頭風（headwind，與物體移動方向相反的風，也就是從船頭或飛機的前面吹來的風）和真風合而為一所形成的作用力。

由於這些力量的大小和方向不一，我們需要以向量概念加以探討。在右頁的示意圖中，標示了帆船的速度（V）、頭風（H）、風向（W）和視風（A）。視風作用在風帆上產生的空氣升力越大，船隻移動的速度就越快。

搶風轉變航向

帆船比賽時常採取三角形航線。奧運的帆船競賽就是採用正三角形的航道，每邊等長，任兩邊的夾角皆為 60 度。

然而，有些比賽的航線為不規則三角形，選手就必須特別

倚重三角學（trigonometry）和正弦定理。

　　如果可以知道迎風航段的長度，並測量或推測角度，就能
計算出其他航段的距離，進而協助擬定最適合的應賽策略，沿
著航線順暢無礙地完成比賽。

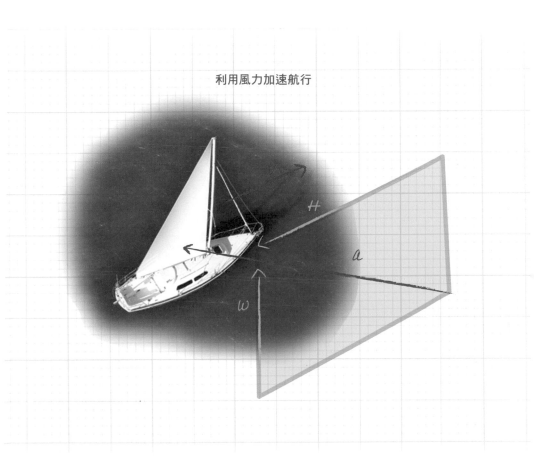

利用風力加速航行

如何抬起重物

埃及的古夫金字塔和英國的巨石陣，都是世界級的古文明遺跡，簡直可以說是奇蹟。許多人忍不住猜想，當時的建築師和建築工人究竟是如何搬動這麼沉重的石塊。可以肯定的是，他們必定運用了力學原理來克服相關問題。當然，你也能如法炮製，效法他們的智慧，抬起你平常無法移動的重物。

槓桿和支點

要想安全抬起重物，我們必須探究力學和槓桿原理。力學中，槓桿是指像鋼條那類的堅固物體，妥善運用即可增加施加於物體上的力。

下圖可幫助我們定義幾個詞彙：

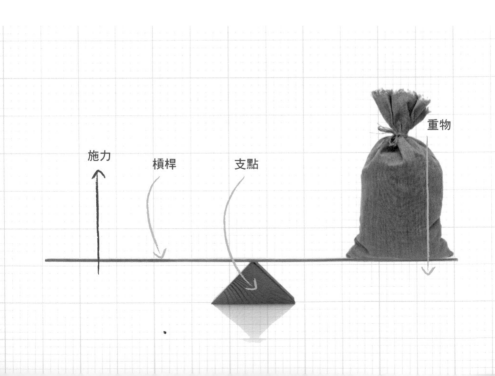

施力　　槓桿　　支點　　重物

希臘數學家阿基米德深知槓桿的優勢。他曾說過這樣的名言：「給我一個支點，我就能舉起地球。」這句話指出，只要擁有一根夠長的槓桿和妥善放置的支點，單憑一人之力就能舉起重量簡直無法想像的地球。

與此有關的物理量稱為力矩，表示力促使物體繞著支點轉動的作用力趨向。在左頁圖中，槓桿右側的重物導致槓桿繞著支點轉動，連帶使左側產生施力。

就圖中的簡單情況而言，力矩（M）等於施力（F）乘以施力點至支點的距離（d），可寫成 M=Fd。

平衡翹翹板

槓桿達到平衡時，等於所有力矩處於平衡狀態。想像兩個一樣重的小孩坐在翹翹板兩端，且各自與中心點的距離相同。如果他們安靜地坐著，不用雙腳蹬地面，便能維持平衡狀態，此時翹翹板會保持靜止。

現在假設其中一個小孩從翹翹板上下來，由一位家長取而代之。根據物理原理，坐著家長的那一端比較重，因此下沉。然而，如果這位家長往翹翹板的中心點靠近一些，就能恢復原先的平衡狀態（請見圖1）。

我們從力矩方程式就能看出端倪。在平衡的狀態下，小孩和成人的力矩相同，亦即：

$$M_{小孩} = F_{小孩} \times d_{小孩} = M_{成人} = F_{成人} \times d_{成人}$$

算式中的 d 為翹翹板中心點與兩人所坐位置之間的距離。

這段距離很容易測量，但施力大小呢？此時牛頓的第二定律就能派上用場：當運動中的物體質量（m）不變，物體所受

到的外力等於質量與加速度（a）的乘積，而加速度與外力同方向，以方程式表示為 F = ma。

在翹翹板的例子中，小孩和成人所受的唯一加速度是重力加速度（g）。如此一來，方程式可寫成：

$$m_{小孩} \times g \times d_{小孩} = m_{成人} \times g \times d_{成人}$$

由於 g 為零以外的常數，因此可以同時從等號兩側拿掉：

$$m_{小孩} \times d_{小孩} = m_{成人} \times d_{成人}$$

$$或$$

$$d_{成人} = \frac{m_{小孩} \times d_{小孩}}{m_{成人}}$$

於是，我們可以利用這個方程式算出大人與翹翹板的中心點應距離多遠，才能與小孩取得平衡。

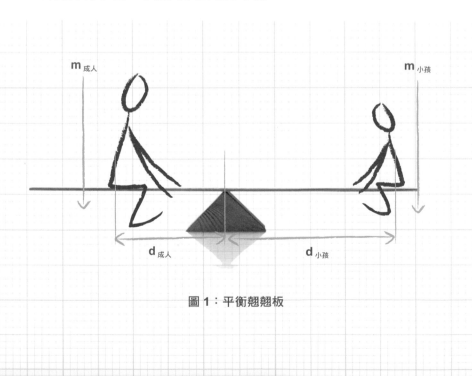

圖 1：平衡翹翹板

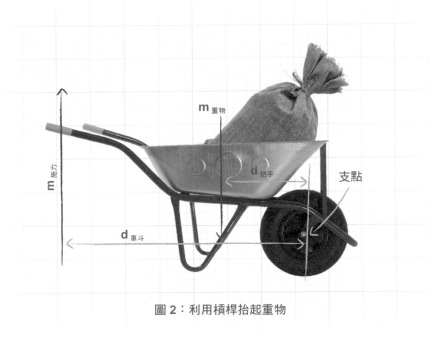

圖 2：利用槓桿抬起重物

利用槓桿抬起重物

生活中多處可見力矩的實際應用，例如單輪水泥推車能協助我們抬起平時無法負荷的重量，原理就是在距離輪子（相當於支點）較遠的把手施以向上的力，抬起距離輪子較近的重物（請見圖 2）。這個現象可以類似的方程式表示如下：

$$m_{重物} \times d_{把手} = m_{施力} \times d_{車斗}$$

或

$$m_{重物} = \frac{m_{施力} \times d_{車斗}}{d_{把手}}$$

其中，$m_{重物}$是你能利用手推車所抬起的重量，$m_{施力}$是你在無輔助的情況下能抬起的重量，$d_{把手}$是指輪子到把手的距離，而 $d_{車斗}$則是輪子到重物所在車斗中心點的距離。由於 $d_{把手}$大於$d_{車斗}$，我們可清楚看見這種配置賦予施力者力學上的優勢。

如何避免宿醉

一輩子總會有那麼幾次，在晚間聚會上多喝了幾杯。當下可能酒酣耳熱，酒興正濃，隔天早上醒來，宿醉的所有症狀卻一一浮現。如何才能避免落入如此痛苦的窘境呢？

痛苦的背後

宿醉到底是什麼？這不只是單一現象，而是集結了多種症狀，從疲勞、口渴、頭痛到嘔吐都有可能發生。這些症狀是多種因素交互作用產生的結果，這些因素包括（但不限於）脫水、體內電解質失衡、睡眠受干擾、低血糖，以及其他物質的推波助瀾，尤其是尼古丁。

身體之所以脫水，是因為酒精屬於利尿劑，亦即讓人透過尿液的形式，排出比喝下的酒更多的液體。

乙醛

體內累積的乙醛也是宿醉的元兇。腎臟有一種稱為醇脫氫酶（alcohol dehydrogenase, ADH）的酵素，會將酒精（乙醇）分解並轉化成具有毒性且可能致癌的乙醛，之後再由乙醛脫氫酶（acetaldehyde dehydrogenase, ALDH）將這種物質分解成相對無害的乙酸（醋酸）。科學研究指出，女性體內的醇脫氫酶較少，因此女性的宿醉症狀通常比

男性更嚴重，這是其中一種原因。就生理條件而言，女性普遍體重較輕、體脂較高，而且身體總含水量比大部分男性少，所以酒精進入器官後，受到稀釋的程度較低；再加上女性體內的醇脫氫酶較少，導致酒精對身體造成的影響通常較大，除了飲酒當下醉得比較嚴重，後續的宿醉也較為強烈。

幸運基因

有趣的是，有些亞洲人的醇脫氫酶和乙醛脫氫酶基因經過突變，導致乙醛累積的速度比一般人更快，使宿醉的感受來得又快又猛；相較之下，有些人則從來沒有宿醉的經驗。二○○○年，美國波士頓大學公共衛生學院青少年酗酒預防中心（Youth Alcohol Prevention Center）的霍蘭德（Jonathan Howland）等人，檢視過往的相關研究案例並親自試驗，發現平均有 23.6% 的人從未宿醉過。

坊間流傳，含有大量同源物*的酒類，例如紅酒、威士忌和白蘭地，會造成較嚴重的宿醉。然而霍蘭德的這份研究報告指出，其實沒有證據足以支持這種說法。同源物是酒中所含的有機化合物的統稱，可以改變酒的外觀、滋味和氣味。

由於造成宿醉各種症狀的原因大不相同，況且我們對其中部分原因的理解甚少，想要徹底根除宿醉堪稱一大考驗。不過，還是有幾種方法值得我們一試。

＊同源物（congener）是指稱擁有相似性質與結構的化學生成物，而酒類飲品中的同源物是指在發酵和熟成過程中產生的化學物質，包含酯類、酸類和醛。

補充水分

這點再明顯不過了。由於酒精使人脫水，因此在喝酒期間、上床睡覺前和隔天起床後多喝水，是相當重要的一件事。你需要補充排尿所流失的水分。脫水是宿醉最常見的症狀，但整體而言，其他令人不舒服的反應大多也是因為脫水所致。

喝酒前吃點東西並保持心情愉悅

出門赴約前喝點牛奶或吃點東西「墊胃」，是許多人提倡的宿醉預防和紓緩辦法。酒精是透過胃黏膜吸收至血液，如果胃裡已經有食物，可以延緩酒精吸收的過程。酒精最終還是會進入血液，但是會需要更長一段時間。不過研究顯示，和其他方法比起來，這種的預防效果相對較弱。

以酒解酒

也有一些證據指出，酒精戒斷（alcohol withdrawal）是造成宿醉的部分原因。你也許會認為，宿醉的強烈程度多少與飲酒的量和時間長短有關。血液酒精濃度（blood alcohol concentration, BAC）是指單位體積血液中酒精含量的百分比。飲酒時，BAC 的最高值就是一種極為實用的衡量標準：當百分比低於 0.1，酒精產生的影響通常可以算是正面的，像是心情愉悅、多話、身心放鬆；然而一旦超過這個比例，飲酒的負面影響就會大過正面效益。有趣之處在於，當 BAC 降到零，體內完全沒有酒精時，宿醉反應通常最為強烈，表示至少有些生理影響是酒精戒斷所造成。

上述觀點於是成了「以酒解酒」的根據。這種作法源自坊間迷思，認為服用微量的致病元素可以治療疾病（跟順勢療法

很像）。然而科學家表示，這種方法最多只會短暫發揮功效，最糟的情況則可能毫無效果，甚至可能進一步導致酗酒。

對症下「藥」

　　睡前服用電解質補充劑（常用於紓緩腹瀉）是理想的因應之道。這類補充品可以化解脫水和血糖太低的問題，也能解決電解質失衡的現象。喝酒會讓血糖升高，使身體必須製造胰島素來加以調節。然而身體也有可能矯枉過正，將血糖降到低於正常值。電解質補充劑可以適度提高體內的血糖和電解質，並達到補充水分的功效。

　　若真的別無他法，你只能選擇服用止痛藥，不過阿斯匹靈之類的止痛藥可能會損傷胃黏膜。由於喝酒本身就傷胃，這麼做等於是增加二次傷害的風險，更容易導致胃潰瘍。

　　顯然，除了懂得適可而止，避免宿醉最好的辦法是補充大量水分。否則狂歡一夜之後，隔天就等著付出痛苦的代價！

國家圖書館出版品預行編目(CIP)資料

搬沙發的幾何學：解決日常難題的基本科學法則 / 馬克 . 弗
雷利 (Mark Frary) 著；張簡守展譯 .-- 初版 .-- 臺北市：日出出
版：大雁文化事業股份有限公司發行, 2022.10

144 面；14.8*20.9 公分

譯自：Better living through science : the basic scientific principles you
need to solve every household conundrum

ISBN 978-626-7044-73-5(平裝)

1.CST: 科學

301   111014521

搬沙發的幾何學

解決日常難題的基本科學法則

Better Living Through Science: The Basic Scientific Principles You Need to Solve Every Household
Conundrum

Conceived and produced by Elwin Street Productions
© Elwin Street Limited 2010
10 Elwin Street
London, E2 7BU, UK
The traditional Chinese translation rights arranged through Peony Literary Agency
Complex Chinese Translation copyright ©2022 by Sunrise Press, a division of AND Publishing Ltd.
All rights reserved.

作　　　者　馬克・弗雷利（Mark Frary）
譯　　　者　張簡守展
責任編輯　李明瑾
協力編輯　吳愉萱
封面設計　Dinner illustration
內頁排版　陳佩君
發 行 人　蘇拾平
總 編 輯　蘇拾平
副總編輯　王辰元
資深主編　夏于翔
主　　　編　李明瑾
業　　　務　王綬晨、邱紹溢
行　　　銷　曾曉玲
出　　　版　日出出版
　　　　　　地址：台北市復興北路 333 號 11 樓之 4
　　　　　　電話（02）27182001　傳真：（02）27181258
發　　　行　大雁文化事業股份有限公司
　　　　　　地址：台北市復興北路 333 號 11 樓之 4
　　　　　　電話（02）27182001　傳真：（02）27181258
　　　　　　讀者服務信箱 E-mail:andbooks@andbooks.com.tw
　　　　　　劃撥帳號：19983379 戶名：大雁文化事業股份有限公司
初版一刷　2022 年 10 月
定　　　價　420 元
版權所有・翻印必究
ISBN 978-626-7044-73-5